KB114293

한눈에 알아보는 우리 생물 1

화살표 **곤충
도감**

한눈에 알아보는 우리 생물 1

화살표 곤충 도감

펴낸날 | 2016년 5월 16일 초판 1쇄
          2017년 5월 1일 초판 2쇄
글·사진 | 백문기

펴낸이 | 조영권
만든이 | 노인향
꾸민이 | 정미영

펴낸곳 | 자연과생태
주소_서울 마포구 신수로 25-32, 101(구수동)
전화_02) 701-7345-6 팩스_02) 701-7347
홈페이지_www.econature.co.kr
등록_2007-000217호

ISBN: 978-89-97429-63-9 93490

한눈에 알아보는 우리 생물 1

화살표 곤충도감

글·사진 **백문기**

자연과생태

길을 걷다가 낯선 생물을 만나면 어떤 느낌이 들까요? 두렵기도 하겠지만 호기심도 생기지 않을까요? 많은 사람에게 곤충이 그런 것 같습니다. 사실 곤충을 좋아하는 사람보다 싫어하는 사람이 많은 것 같습니다. 꾸물거리고, 깨물고, 때로는 사람의 피까지 빠니 그럴 만도 합니다. 하지만 작고 꿈틀거리는 것에 대한 선입견도 작용했을 겁니다.

곤충은 우리가 살면서 가장 많이 만나는 동물입니다. 이런 곤충을 대할 때 우리는 종종 우리에게 피해를 주나, 이익을 주나 같이 사람을 중심에 놓고 판단할 때가 많습니다. 그러나 곤충은 우리의 관심과 상관없이 주어진 삶을 열심히 살 뿐입니다. 그러니 우리는 곤충을 있는 그대로, 또한 우리와 같은 자연의 구성원으로 인정할 필요가 있습니다.

생각해 보면 우리와 곤충은 닮은 점이 많습니다. 우리나 곤충이나 숨을 쉬니 닮았고, 스스로 움직이는 것, 먹는 것, 자손을 낳는 것 또한 그렇습니다. 곤충을 만날 때 우리와 다른 점보다는 닮은 점을 먼저 찾아보면 좋겠습니다. 그러다 보면 우리 삶에 이로운지 해로운지를 기준으로 곤충을 대하기보다 곤충을 이해하고 친근하게 여기게 되지 않을까 생각합니다.

곤충 도감도 많고 인터넷에도 정보가 넘쳐나지만, 여전히 사람들은 곤충에 대해 아는 것이 별로 없습니다. 종류와 수가 많은 곤충의 삶을 이해하기란 참으로 어려운 일이기 때문입니다. 저도 그동안 곤충을 연구하며 많은 종을 접해 왔지만 매우 작은 부분만 보았을 뿐입니다. 그래서 요즘도 걸음을 늦추고 몸을 낮춰 찬찬히 곤충을 관찰하려고 노력합니다. 이 책이 저처럼 곤충을 만나고 이해하고자 하는 분들에게 도움이 되길 바랍니다.

원고를 정리할 때 많은 자료를 찾아보는데, 때로는 제가 처음 알고 기록한 것으로 착각해 연구자들의 노력이 담긴 참고자료에 대한 고마움을 잊고는 합니다. 이 책에 실린 내용은 그간 많은 분이 연구한 결과인데, 인용 내용에 일일이 표시하지 못해 죄송합니다. 그간 야외관찰을 함께 했던 모든 분과 '참고문헌'에 나열한 바와 같이 귀중한 연구 자료를 만든 분들, 이 책을 기획하고 제작해 준 도서출판 <자연과생태>에 깊은 감사의 마음을 전합니다.

2016년 5월
백문기

꼭 읽어 보세요

- 보기 어렵거나 희귀한 종을 제외하고 집 주변, 냇가, 공원, 낮은 산 등 우리가 생활하는 주변의 곤충을 선별해 담았습니다.

- 생김새나 생활방식이 같은 곤충을 76개로 나눠 무리를 지었습니다. 각 무리는 아목, 과, 아과 등 생물 분류체계에 따라 구분했고, 나비목(나방, 나비)은 생활습성에 따라 구분했습니다. 책 앞부분에 실린 '곤충 무리별 특징 알아보기'를 통해 어떤 공통점 때문에 무리가 되었는지 살펴보시기 바랍니다.

- '생김새를 비교하며 곤충 알아보기'에는 주변에서 마주칠 만한 곤충 802종을 담았습니다. 무리의 공통 특징인 생활방식은 앞 장에서 설명했으므로, 여기에서는 생김새의 특징만으로 종을 구별하도록 구성했으며, 전문 용어를 모르더라도 어느 부위를 설명하는지 직관적으로 알 수 있도록 화살표로 특징을 짚었습니다.

- 각 종의 '먹이', '먹이식물', '보이는 곳'은 가장 빈도가 높은 것을 나열한 것입니다. 따라서 반드시 표기한 먹이만 먹거나 표기한 곳에서만 보인다고 여길 필요는 없습니다. 다만 먹이와 장소를 하나만 표기한 경우처럼 먹이나 서식지 특이성이 강한 일부 종은 특정한 먹이만 먹거나 특정한 장소에서만 보이기도 합니다.

- 각 종의 '몸길이'는 보통 머리에서 배 끝까지의 길이를 나타냈으나, 날개가 배 끝을 넘을 만큼 긴 종은 머리에서 날개 끝까지의 길이를 나타냈습니다. 또한 몸길이와 날개 길이를 모두 나타낼 필요가 있을 경우, 암수의 크기가 다른 경우 등은 따로 표기했습니다. 나비 무리는 날개를 펼쳤을 때 양쪽 날개 끝까지의 길이를 나타냈습니다.

- 각 종의 '알 낳기'에는 알을 낳는 방법 및 장소를 표기했습니다.

- 각 종의 '겨울나기'는 겨울을 나는 형태(알, 애벌레, 번데기, 어른벌레)나 장소, 방법을 나타냈습니다.

- 각 종의 '나타나는 때'는 어른벌레가 보이는 시기를 기준으로 했으며, 애벌레가 보이는 시기일 때는 따로 표기했습니다.

- 곤충의 형태를 설명할 때, 일관성 있게 색깔을 표현하거나 표기하는 일이 매우 어렵습니다. 가능한 푸른색, 노란색처럼 단일색은 우리말로, 청록색, 황갈색처럼 복합색은 한자말로 표기했습니다.

곤충 무리별 특징 알아보기

벌 중에서도 어떤 특징을 지닌 무리를 말벌이라 할까요?

꽃무지와 풍뎅이를 구별하는 차이는 무엇일까요?

이 장에서는 곤충 한 무리를 어떤 차이 때문에 비슷한 다른 무리와 구별하는지,

무리 지어진 곤충의 공통점은 무엇인지를 설명합니다.

자세히 살펴보면 곤충의 분류 단위인 '목', '과', '아목' 등을 구분하는 차이를

알게 됩니다.

물잠자리 무리 잠자리목 물잠자리과

날개가 검고, 앉았을 때 날개를 모은다.

우리나라 물잠자리과에는 5종이 기록되어 있지만, 일본물잠자리와 담색물잠자리는 최초기록 뒤 다시 관찰된 적이 없고, 검은날개물잠자리는 북한 지역에 기록된 종이어서 남한에서는 검은물잠자리와 물잠자리 2종만 보인다. 검은물잠자리는 전국의 비교적 맑은 냇물에 폭넓게 분포하는 반면, 물잠자리는 아주 맑은 냇물에서 살고 있어 검은물잠자리보다 만나기가 어렵다.

물잠자리과는 앞날개와 뒷날개의 모양이 비슷한 실잠자리과와 닮았지만, 실잠자리과보다 무척 클 뿐만 아니라 날개가 검고, 앉아 있을 때 날개를 접고 있어 다른 과와도 구별된다.

물잠자리과가 포함된 잠자리목 곤충은 알-애벌레-어른벌레 단계를 거치는 안갖춤탈바꿈을 한다. 다른 잠자리과와 마찬가지로 물속에 사는 애벌레나 육지에 사는 어른벌레 모두 육식성이다. 어른벌레는 5월부터 9월까지 나타나지만 봄과 가을보다는 여름에 많이 보인다. 햇볕이 강한 여름 한낮에는 냇가 그늘진 곳에서 쉬고, 날이 저물 때 활발히 먹이를 사냥한다. 물가에 관찰 데크가 설치되었다면, 한낮에는 관찰 데크 아래쪽을 살피는 것이 좋다. 한여름에는 냇가 근처 낮은 산지의 숲속에서도 종종 보인다. 수생식물의 줄기에 산란관을 찔러 넣고 알을 낳는다. 수면 가까이에서 수생식물을 붙잡고 배를 물속 깊이 넣고 있다면 알 낳는 모습을 보는 것이다. 성숙한 애벌레로 겨울을 난다.

검은물잠자리가 물속
수초 줄기에 알을 낳고 있다.

축축한 바위 위에서 무리지어 쉬고 있다. 앉았을 때 날개를 펼치지 않고 모아 붙인다.

뜨거운 한낮에는 관찰 데크 아래에 모여서 쉰다.

냇가에서 무리지어 쉬고 있다. 날개가 검다.

실잠자리 무리 잠자리목 실잠자리과

양쪽 눈이 멀리 떨어져 있고, 몸이 가늘다.

　　연못이나 냇물 가장자리를 가만히 바라보면 수면 가까이 날아다니는 아주 작은 잠자리들이 보인다. 시커먼 물잠자리처럼 날개를 접고 앉으나, 날개가 투명하고 크기가 아주 작은 잠자리들이 실잠자리과에 속한다. 우리나라에는 실잠자리과(22종), 청실잠자리과(6종), 방울실잠자리과(3종)가 있다.

　　크기는 대개 30㎜ 내외로 작다. 몸은 가늘고 길며, 겹눈은 작고 떨어져 있다. 앞날개와 뒷날개의 형태가 거의 같다. 대개 가슴과 배에 종의 특징이 뚜렷이 나타난다. 하지만 그 특징이 매우 작아서 사진으로는 잘 구별하기 어렵고, 미성숙 개체가 성숙하면서 색상과 무늬가 변하기도 하고, 수컷과 암컷이 달라지기도 해 구별하기 어려운 경우도 있다.

　　실잠자리과도 안갖춤탈바꿈을 한다. 물가 주변에서 많이 보이나, 먹이 활동으로 물가 인근의 숲 가장자리에서도 종종 보인다. 대개 수생식물의 줄기나 잎 등에 산란관을 꽂고 알을 낳는다. 대부분 애벌레나 알로 겨울을 나지만 묵은실잠자리처럼 어른벌레로 겨울을 나는 종도 있다.

실잠자리를 비롯한 잠자리들이 좋아하는 곳

실잠자리 무리의 겹눈. 두 눈의 간격이 넓다.

잠자리 무리 잠자리목 잠자리과

두 눈이 붙어 있고, 앉았을 때 날개를 펼친다.

우리나라 잠자리과에는 38종이 있다. 넉점박이잠자리처럼 제한된 지역에 국지적으로 분포하거나 날개잠자리와 같이 국외에서 사는 종이 일시적으로 날아오는 종(비래종)도 있지만, 고추좀잠자리처럼 전국에 분포하는 종이 대부분이다.

크기는 17~56㎜로 다양하지만, 꼬마잠자리를 제외하고는 40㎜ 내외로 실잠자리과보다 크고 왕잠자리과보다는 작다. 측범잠자리과 등 잠자리아목에 속한 다른 과처럼 뒷날개가 앞날개보다 크고 정지할 때 날개를 수평으로 벌리지만, 겹눈이 정수리에서 둥근 형태로 서로 붙어 있고, 배가 특히 넓어 다른 과와 구별된다.

잠자리과도 실잠자리과처럼 안갖춤탈바꿈을 한다. 잠자리는 대부분 비행하며 물 표면에 배를 부딪쳐 산란판의 알을 떨어뜨리는 타수산란을 하지만, 깃동잠자리처럼 암수가 연결해 비행하며 알을 떨어뜨리는 공중산란을 하거나 노란허리잠자리처럼 수면에 떠 있는 수초 등에 알을 붙이기도 한다. 애벌레는 어렸을 때 물벼룩 같은 작은 동물을 잡아먹고, 성장하면서는 실지렁이, 모기 애벌레 등을 잡아먹으며, 왕잠자리 애벌레 같이 큰 경우에는 작은 물고기나 올챙이를 잡아먹기도 한다. 애벌레는

잠자리 무리의 겹눈.
정수리에서 둥근 형태로 붙어 있다.

잠자리 애벌레는 대부분 민물에 사나 가끔 소금기가 있는 바닷가 웅덩이에서도 보인다. 이때는 토고숲모기 애벌레를 잡아먹는다.

바닷물 속에 사는 잠자리 무리 애벌레

민물에 살지만 가끔 바닷물이 고인 바닷가 웅덩이에서도 보인다. 어른벌레는 깔따구 같은 파리류, 매미충류 같은 작은 곤충을 잡아먹지만 때로는 다른 잠자리나 심지어 같은 종을 잡아먹기도 한다.

어른벌레는 봄보다는 여름과 가을에 많으며, 대부분 연못이나 습지 같은 물이 고인 곳에 살지만 날개띠좀잠자리처럼 흐르는 물에서 사는 종도 있다. 또한 고추좀잠자리처럼 더운 여름날이면 시원한 곳을 찾아 산지로 이동하는 이동성이 강한 종도 여럿 있다. 수컷은 세력권이 있어 텃세를 부리며 일정한 장소에서 날아다니는 경우가 많다. 애벌레나 알로 겨울을 난다.

일본날개매미충을 잡아먹는 깃동잠자리

된장잠자리를 잡아먹는 밀잠자리

동족을 잡아먹는 왕잠자리. 아래쪽의 왕잠자리가 공중에서 싸우다 땅으로 함께 떨어진 뒤 위쪽의 왕잠자리를 잡아먹고 있다.

바퀴 무리 바퀴목 바퀴과

더듬이가 길고 몸이 편평하며, 산란관이 짧다. 알주머니로 알을 낳는다.

바퀴과는 약 3억 5,000만 년 전에 출현한 뒤 형태적으로 큰 변화 없이 현재까지 번성한 매우 오래된 무리로, 전 세계에 4,000여 종이 있는 것으로 알려진다. 대부분 야외에서 사는 주간 활동성으로 알려졌으며, 약 30여 종만이 집 안에서 사는 가주성 바퀴로, 위생해충으로 취급한다.

바퀴아목(Blattaria), 사마귀아목(Mantodea), 흰개미아목(Isoptera)이 바퀴목(Dictyoptera)에 속하며, 공통적으로 메뚜기목에 속한 곤충과 달리 산란관이 짧다. 우리나라 바퀴목에는 총 3과 10종이 있으며, 바퀴과에 4종이 기록되었다. 그중 산바퀴는 낮은 산지 낙엽 밑에서 많이 보이고, 이전에 독일바퀴라 불렸던 바퀴는 집 안이나 집 주변에서 보인다.

바퀴과는 5㎜ 내외에서 100㎜ 정도까지 종에 따라 크기가 다양하다. 몸은 편평해 사마귀아목이나 흰개미아목과 구별된다. 전체적으로 어둡거나 누런빛이 도는 갈색 또는 검은색이고, 센털이 있다. 머리는 역삼각형으로 앞가슴등판 아래쪽에 수직으로 있어 위에서 보면 잘 보이지 않는다. 더듬이는 길다. 앞가슴등판은 타원형이고, 입은 씹어 먹는 구조로 잡식성이며, 대부분 날개가 발달해 빠르게 날 수 있다.

바퀴목은 안갖춤탈바꿈을 한다. 암컷 배 끝 팥알 모양인 알주머니(난협)에 알 수십 개가 두 줄로 늘어서 있으며, 암컷은 알주머니를 달고 다니다가 적정한 장소에 떨어뜨린다. 종류와 서식환경에 따라 차이가 크나 대개 애벌레시기가 1~2개월이고, 어른벌레 수명은 3~4개월에서 1년 정도이다.

산바퀴는 숲속 어두운 곳이나 낙엽층에서 보인다.

산바퀴를 쉽게 볼 수 있는 곳

사마귀 무리 바퀴목 사마귀과

낫 모양 앞다리에 가시가 있고, 앞가슴이 가늘고 길다.

우리나라 사마귀아목에는 사마귀과 7종, 애기사마귀과 1종이 살며, 바퀴목에 속한다. 이 중 사마귀, 왕사마귀, 좀사마귀는 전국에 분포한다.

사마귀아목은 보통 몸 색깔이 녹색이거나 암갈색이다. 머리는 역삼각형이며, 어느 정도 회전이 가능하다. 더듬이는 실 모양으로 비교적 길고, 입은 씹기에 알맞게 생겼다. 앞다리가 낫 모양이며, 먹이를 꽉 붙잡을 수 있도록 단단해진 가시가 있다. 가운뎃다리와 뒷다리는 가늘고 긴 편이다. 앞날개는 좁고 길며 약간 질기고, 뒷날개는 막질로 앞날개보다 매우 넓다. 가슴이 가늘고 길어 바퀴아목과 구별된다.

다른 곤충을 잡아먹는 포식성 곤충으로는 가장 크다. 사마귀아목은 안갖춤탈바꿈을 한다. 늦가을이 되면 암컷은 배 끝에서 끈적거리는 흰 분비물을 뿜어 알집을 만들며, 그 속에 보통 100개가 넘는 알이 들어 있다. 알집은 처음에는 흰색이지만 점차 진한 갈색으로 변한다. 알집은 차가운 바람과 물기가 스며드는 것을 막아 알을 보호하며, 만져 보면 스펀지 같이 푸석거린다.

장타원형이고 모가 났다.

사마귀 알집(알집을 만든 직후)

위아래가 편평하고, 통통한 원통형이다.

왕사마귀 알집

길쭉하고 크기가 작다.

좀사마귀 알집

탈피각

부화 직후의 어린 개체

사마귀아목은 앞가슴이 길다.

생김새는 어른벌레와 같지만
날개가 다 자라나지 않았다.

어린 개체

앞다리로 먹이를 꽉 붙잡고 먹는다.

집게벌레 무리 집게벌레목

배 끝에 집게 모양 부속지가 있다.

우리나라에는 5과 21종이 살고 있다. 그중 모래가 있는 강가나 바닷가에 사는 민집게벌레, 숲에 사는 좀집게벌레, 못뽑이집게벌레 등과 같이 서식처가 일정한 종도 있고, 고마로브집게벌레처럼 도시 공원, 숲 가장자리, 산지 등 서식지가 폭넓은 종도 있다.

집게벌레목은 몸이 길고 편평하다. 머리는 삼각형에 가깝고, 입에는 씹는 데 적합한 입틀이 있다. 이를 저작형이라고 한다. 더듬이는 실 모양으로 마디가 많다. 앞가슴등판은 머리 크기와 비슷하거나 작다. 날개는 없거나 앞날개(딱지날개)가 축소되어 배 부분이 드러나고, 딱지날개 속에 큰 속날개가 있다. 배는 길고 넓다. 배 끝에 집게 모양 부속지가 있지만 사슴벌레처럼 물지 않고 자신이 공격당할 때 치켜들어 방어하는 수단으로 쓴다. 다리는 메뚜기처럼 뛰어다니기에는 적합하지 않으나 빠르게 기어 다닐 수 있다.

집게벌레는 대부분 습한 곳을 좋아해 축축한 땅 밑이나 돌 밑, 풀숲, 정원 등에서 보인다. 종종 건물 안으로도 들어오지만 사람에게 피해를 주지는 않는다. 작은 곤충이나 썩은 낙엽, 부식질 등을 가리지 않고 먹는 잡식성이다. 집게벌레목은 안갖춤탈바꿈을 하며, 어른벌레는 여름부터 늦가을까지 보인다. 집게벌레 암컷은 흙속에 굴을 파고 알을 낳으며, 부화할 때까지 또는 새끼가 어느 정도 자랄 때까지 보호한다.

알을 지키는 민집게벌레 암컷

가장 많이 보이는 고마로브집게벌레는 낮에 공원의 큰 나무나 숲 가장자리에서도 볼 수 있지만, 집게벌레 대부분은 야행성이므로 밤에 숲에 가야 볼 수 있다. 등불에도 잘 모여든다. 민집게벌레처럼 모래밭을 좋아하는 종류는 낮에 판자 밑, 넓적한 돌 밑 등에 숨어 있다.

민집게벌레 애벌레. 어른벌레와 닮았다.

탈피각

좀집게벌레. 불빛에 모인 작은 곤충을 잡아먹고 있다.

큰집게벌레. 공격을 받을 때 배 끝을 치켜들어 위협한다.

더듬이는 실 모양으로 마디가 많다.

앞날개는 작아서 나는 기능을 못하며 날개맥이 없다.

뒷날개는 크고, 날지 않을 때에는 작은 앞날개 아래에 접혀 있다.

배 끝에 집게 모양 부속지가 있다.

날아오르는 고마로브집게벌레

꼽등이 무리 메뚜기목 여치아목 꼽등이과

몸이 좌우로 납작하고, 등이 굽었다.

p.129~130

우리나라 꼽등이과에는 6종이 있다. 그중 꼽등이처럼 집 안에서 쉽게 볼 수 있는 종도 있지만 대부분은 숲이나 동굴에 산다.

몸은 좌우로 납작하고, 등 부분이 꼽추처럼 굽은 것이 특징이다. 머리는 좁고, 더듬이는 몸의 몇 배에 이를 만큼 길며, 날개는 없다. 뒷다리는 크지만, 발마디 끝에 욕반이 없어 매끄러운 곳은 올라가지 못한다.

꼽등이과뿐만 아니라 메뚜기목에 속한 모든 종이 알-애벌레-어른벌레 단계를 거치는 안갖춤탈바꿈을 하며, 애벌레와 어른벌레의 생김새가 닮았다. 대부분 어른벌레는 여름부터 늦가을까지 보이나, 알락꼽등이는 연중 보인다. 애벌레로 겨울을 나는 경우에는 모여서 지낸다. 꼽등이과는 어두운 곳을 좋아하기 때문에 대부분 숲속 어두운 곳, 동굴이나 지하실에서 살며, 곤충 같은 동물의 사체, 자신의 탈피각, 버섯, 곰팡이 등을 가리지 않고 먹는 잡식성이다. 가장 쉽게 만날 수 있는 꼽등이는 집 안 어두운 곳이나 지하실에서 주로 보이며, 사람을 공격하거나 해를 끼치지는 않는다. 산림성일 경우 밤에 등불에도 잘 모인다.

몸이 좌우로 납작하다.

등이 굽었다.

꼽등이 무리는 발마디 끝에 욕반이 없어 매끄러운 곳은 올라가지 못한다.

24

실베짱이 무리 메뚜기목 여치과 실베짱이아과

날개를 접었을 때 앞날개보다 뒷날개가 길게 튀어나온다. 1, 2발마디 옆면에 홈이 없다.

우리나라 실베짱이아과에는 8종이 있다. 여치아과의 다른 종에 비해 몸이 길쭉하고, 날씬한 편이며, 제주도에만 사는 검은테베짱이와 남부 지방 중심으로 사는 날베짱이붙이를 제외하고는 전국에서 보인다. 개체수도 많은 편이다.

더듬이는 등검은메뚜기 같은 메뚜기아과에 비해 무척 길다. 이것은 여치상과에 속한 종의 공통 특징이다. 보통 접힌 뒷날개가 앞날개보다 길게 튀어나온다. 암컷의 산란관은 짧게 위로 구부러진 낫 모양이고, 발마디는 반원통형이며, 1, 2발마디 옆면에 홈이 없어 여치과의 다른 아과와 구별된다.

실베짱이아과는 숲속 어두운 곳보다는 숲 가장자리, 산책로, 길가 풀밭, 논밭 등에서 많이 보이지만, 몸 색깔이 초록색이므로 잘 살펴야 볼 수 있다. 대부분 초식성이며, 밤에 등불에 잘 모인다.

어른벌레는 여름부터 늦가을까지 보인다. 애벌레와 어른벌레는 날개가 자란 정도로 구별할 수 있다. 아주 초기의 애벌레는 다른 종과 구별하기 어려우며, 어른벌레도 비슷한 종이 많아 날개맥 등을 잘 살펴야 구별할 수 있다.

날개

더듬이

검은다리실베짱이 애벌레. 날개가 다 자라지 않았다.

뒷날개. 앞날개보다 길다.

앞날개

큰실베짱이. 더듬이가 무척 길다.

베짱이 무리 메뚜기목 여치과 베짱이아과

두정돌기가 좁고 앞다리와 가운뎃다리에 긴 가시가 있다. 각 발마디의 2~4절이 검은색이다.

울음소리가 베를 짤 때 베틀이 움직이는 소리와 비슷하다고 해서 '베짱이'라는 이름이 붙었다. 우리나라에서 '○○베짱이'라고 이름 붙은 종은 여럿 있지만 베짱이 아과에는 베짱이 1종만 있으며, 전국에 국지적으로 분포한다.

베짱이아과는 두정돌기가 매우 가늘고 좁으며, 앞다리와 가운뎃다리의 종아리마디(경절)에 긴 가시가 있고, 종아리마디가 발마디 1, 2절을 합친 길이보다 길어서 여치과의 다른 아과와 구별된다(김태우, 2013).

몸은 밝은 녹색이고, 머리 위쪽에서 앞가슴 윗면까지는 진한 적갈색이다. 더듬이는 몸길이의 2배 이상이며, 끝부분 쪽에 일정한 간격으로 검은 띠무늬가 있다. 다리는 녹색으로 각 발마디의 2~4절이 검은색이어서 비슷한 종과 구별된다.

베짱이는 논밭 및 산지의 풀밭에 주로 살며, 작은 곤충을 잡아먹는 육식성이다. 밤에는 겹눈이 검게 변한다.

종아리마디의 가시가 매우 길다   두정돌기는 매우 가늘고 길다.

앞다리와 가운뎃다리에 긴 가시가 6쌍 있다.

쌕쌔기 무리 메뚜기목 여치과 쌕쌔기아과

더듬이가 몸길이의 3~5배 이상 길고, 전두정이 튀어나와 얼굴이 원뿔형이다.

우리나라 쌕쌔기아과에는 11종이 있다. 대부분 전국에 분포하나 좀쌕쌔기처럼 중북부 지역에만 사는 종도 있고, 대나무쌕쌔기, 여치베짱이처럼 남부 지역에만 사는 종도 있다.

쌕쌔기아과에 속한 종은 더듬이가 몸길이의 3~5배 이상으로 매우 길고, 전두정이 튀어나와 옆에서 보면 얼굴이 기울어진 원뿔형으로 보이므로 다른 아과와 구별된다. 쌕쌔기아과에는 쌕쌔기족, 매부리족이 있으며, 쌕쌔기족은 전두정이 더듬이 자루 마디보다 짧아 폭이 넓은 매부리족과 구별된다. 쌕쌔기라는 이름은 앞날개를 비비며 내는 울음소리를 표현한 것이며, 매부리라는 이름은 돌출된 두정돌기가 매부리코와 비슷하다고 붙인 것이다. 여치베짱이의 이름은 베짱이와 비슷하면서도 크기는 여치보다 크다고 붙인 것이다.

쌕쌔기아과는 숲속보다는 들판, 냇물 둑, 논밭 등에 많으며, 잡식성이거나 풀씨 등 식물질을 먹는 식식성이다. 어른벌레는 대부분 여름부터 늦가을까지 보이나, 좀매부리처럼 어른벌레로 겨울을 나는 종도 있다. 알은 대부분 땅속에 낳으나 산란장소가 알려지지 않은 종도 있다. 아주 초기의 애벌레는 다른 종과 구별하기 어려우며, 어른벌레는 비슷한 종이 많아 산란관의 길이, 두정돌기의 폭과 생김새 등을 살펴야 구별할 수 있다.

쌕쌔기 무리는 전두정이 돌출해 옆에서 보면 얼굴이 기울어진 원뿔형으로 보인다.

p.139~142

여치 무리 메뚜기목 여치과 여치아과

몸이 뚱뚱하며, 앞다리 종아리마디 윗부분에 뚜렷한 가시가 2~4개 있다.

우리나라 여치아과에는 14종이 있으며, 수컷은 대개 아름다운 소리를 낸다. 긴날개여치처럼 대부분 폭넓게 분포하나 우리여치처럼 중북부 지역의 높은 산지를 중심으로 사는 종도 있다.

여치아과에 속한 종은 대체로 크고 몸이 뚱뚱하며, 앞다리 종아리마디 윗부분에 뚜렷한 가시가 2~4개 있어 다른 아과와 구별된다. 몸은 대개 녹색 또는 갈색이다. 머리는 짧고, 수직상이며, 두정돌기는 좁은 편이다. 다리의 발마디는 납작하다. 산란관은 단검 모양으로 긴 편이다.

갈색여치처럼 앞가슴복판돌기(앞다리 밑마디 사이의 앞가슴복판에서 튀어나온 가시 모양의 돌기 1쌍)가 발달한 대형 종은 작은 곤충을 잡아먹는 육식성이며, 잔날개여치, 애여치처럼 앞가슴복판돌기가 발달하지 않은 종은 식물질도 함께 먹는 잡식성이다.

여치아과는 들판, 냇물 둑, 논밭뿐만 아니라 높은 산지의 능선부에서도 보인다. 어른벌레는 대부분 여름부터 늦가을까지 보인다. 암컷은 땅속, 식물 줄기나 썩은 나무속에 알을 낳으나 산란장소가 알려지지 않은 종도 있다.

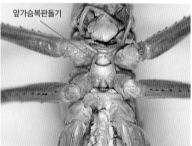

긴날개여치

귀뚜라미 무리 메뚜기목 귀뚜라미과

여치 무리나 꼽등이 무리와 비슷하나, 발마디가 3마디로 이루어졌다.

우리나라 귀뚜라미과에는 37종이 있다. 이 과에는 귀뚜라미아과, 긴꼬리아과, 방울벌레아과, 풀종다리아과를 비롯한 다양한 무리가 있으며, 사는 곳이나 습성을 비롯해 긴꼬리처럼 납작한 모양에서부터 왕귀뚜라미처럼 통통한 모양까지 생김새도 다양하다.

크기는 먹종다리처럼 4~5㎜부터 쌍별귀뚜라미처럼 30㎜에 이르는 종도 있으며, 대개는 갈색이다. 비슷한 종이 많아 사진으로는 종을 구별하기 어렵다.

수컷 앞날개 기부에 대부분 날개맥이 변형되어 마찰판 및 마찰기로 된 울음기관이 있으며, 앞다리 종아리마디 양쪽에 고막(얇은 막질의 청각기관)이 있다. 여치아과나 꼽등이아과와 여러 특징이 같으나, 모든 다리의 발마디가 3마디로 이루어져 구별된다.

어른벌레는 대부분 여름부터 늦가을까지 보인다. 대개 알로 겨울을 나지만, 애벌레나 어른벌레로 겨울을 나기도 한다. 암컷의 산란관은 창 모양이며, 땅속이나 식물의 조직 내에 알을 낳는다. 대부분 야행성이나 낮에 산책로 주변, 논밭, 풀밭, 바닷가에서 관찰되기도 한다. 대개 잡식성이며, 식물질을 비롯해 지렁이 같은 작은 동물의 사체를 먹거나 작은 곤충을 잡아먹기도 한다.

넓적마디 · 종아리마디 · 발톱 · 1발마디 · 2발마디 · 3발마디

귀뚜라미과의 발마디

땅강아지 무리 메뚜기목 땅강아지과

앞다리 종아리마디와 1, 2발마디가 삽 모양이고, 여치아목의 다른 종과 달리 더듬이가 짧고, 산란관이 없다.

땅강아지라는 이름은 땅을 잘 파고, 강아지처럼 몸이 길며 다리가 짧아 붙었다. 짧고 부드러운 털로 덮였으며, 전체적으로 암갈색이다. 머리는 앞가슴등판보다 좁으며, 겹눈은 뚜렷하게 튀어나왔다. 앞가슴등판은 크고 전체적으로 둥근 원통 모양이다. 앞다리 종아리마디와 1, 2발마디는 땅파기에 적합한 삽 모양이다. 앞날개는 배 절반을 덮을 정도로 짧으나, 뒷날개는 특이하게 가는 꼬리 모양이며, 길이는 배 끝을 약간 넘는다. 더듬이는 머리에서 앞가슴등판까지로 짧고, 산란관이 없어 여치아목에 속한 다른 과와 구별된다.

전국의 논밭, 강가, 습지 중심으로 폭넓게 분포한다. 풀뿌리나 작은 곤충을 잡아 먹는 잡식성 곤충이며, 대부분 시간을 땅속에서 생활한다. 밤에 잘 날아다니며 등불에도 잘 모인다. 낮에는 냇가, 논밭의 넓적한 돌, 판자 같은 은신처에 숨어 있으며, 때로는 낮에도 돌아다닌다. 축축한 땅속에 알을 200~300개 낳으며, 애벌레는 8번 이상 탈피과정을 거치면서 어른벌레가 된다. 알에서 깬 애벌레가 어른벌레가 되기까지 1년 이상이 걸린다. 어른벌레 또는 애벌레로 겨울을 난다

뒷날개는 날지 않을 때 접어 놓고 있어 가늘게 보인다.   앞날개는 짧고 넓적하다.

앞다리 끝부분은 삽 모양으로 변형되었다.

모메뚜기 무리 메뚜기목 모메뚜기과

앞가슴등판이 배 끝에 닿을 정도로 크다.

우리나라 모메뚜기과에는 12종이 있다. 대부분 폭넓게 분포하나 뿔모메뚜기처럼 중북부 지역에만 사는 종도 있다.

대개 크기는 10㎜ 내외로 작으며, 몸은 뚱뚱하고 갈색이다. 종에 따라 몸 색깔 및 무늬에 변이가 많다. 더듬이는 메뚜기아목에 속한 다른 메뚜기처럼 짧으며, 16마디 이하로 구성된다. 앞날개는 퇴화했으며, 뒷날개는 종에 따라 배 끝에 이르지 못하거나 배 끝을 넘는다. 뒷다리의 넓적마디가 매우 굵다. 메뚜기과와 여러 특징이 닮았으나, 앞가슴등판이 배 끝에 닿을 정도로 커서 구별된다.

들판이나 논밭의 풀밭, 산책로 주변에서 많이 보인다. 논밭이나 풀밭을 걷다가 아주 작은 메뚜기가 튀었으면 모메뚜기 종류일 가능성이 높다. 대부분 어른벌레로 겨울을 나므로 이른 봄부터 보이며, 주로 균류, 이끼류, 낙엽, 부식질 등을 먹는다. 낮에 활발하나 밤에 등불에도 종종 모인다. 이른 봄에 땅속에 알을 낳는다.

앞가슴등판

앞가슴등판이 매우 발달했으며, 전체적으로 마름모꼴로 보인다.

p.150

섬서구메뚜기 무리 메뚜기목 섬서구메뚜기과

몸은 긴 마름모꼴이며, 더듬이는 칼 모양으로 짧고 납작하다. 두정돌기는 갈라져 세로 홈이 있다.

우리나라 섬서구메뚜기과에는 분홍날개섬서구메뚜기와 섬서구메뚜기 2종이 있다. 분홍날개섬서구메뚜기는 제주도를 비롯한 남부 지역의 일부 섬에만 살며, 뒷날개 기부가 분홍색이다. 섬서구메뚜기는 전국에 분포하며 개체수가 많다.

'섬서구'는 가을철 벼 수확을 마친 논에 볏짚을 삼각형으로 쌓아 놓은 것을 말한다. 이 과에 속한 메뚜기들의 머리 모양이 섬서구를 닮아 섬서구메뚜기라는 이름이 붙었다.

방아깨비와 닮았으나 크기가 작고, 가슴 폭이 넓어 구별된다. 전체적으로 긴 마름모꼴이며, 머리는 원뿔형으로 뾰족하다. 더듬이는 짧고, 칼 모양으로 납작하다. 두정돌기가 갈라져 세로 홈이 있는 것으로 메뚜기목의 다른 과와 구별한다. 앞가슴배판에 돌기가 있으며, 날개에는 특별한 마찰기구가 없다. 암컷에 비해 수컷은 상당히 작으며, 가을에는 암컷 등에 올라타 있는 수컷이 자주 보인다.

논밭, 공원, 낮은 산지의 풀밭에 주로 산다. 대부분 녹색형이나 더러 갈색형도 있으며, 늦가을로 갈수록 붉은색이 도는 개체가 종종 보인다.

전체적으로 긴 마름모꼴이다.

메뚜기 무리 메뚜기목 메뚜기과

뒷다리 넓적마디 바깥 면에 깃털 모양 무늬가 있다.

우리나라 메뚜기과에는 58종이 있으며, 메뚜기목에서 종이 가장 많은 과다. 종 다양성이 높은 만큼 생태적 특성도 다양하고, 개체수도 많다.

몸은 대체로 매끈하며, 별다른 주름이나 혹 같은 돌기가 없는 편이다. 머리는 앞가슴등판 안쪽에서 시작한다. 대개 겹눈은 크나, 야행성인 일부 종은 겹눈이 작다. 더듬이는 대부분 몸길이보다 짧으며, 실, 곤봉, 칼 모양 등으로 다양하다. 앞가슴등판은 크고 무늬 같은 특징이 있는 경우가 많다. 각 다리의 모양 및 구조는 종별로 차이가 많다. 일부 종을 제외하고는 날개가 있으며, 뒷날개는 펼치면 대부분 부채 모양으로 앞날개보다 매우 넓다. 날개와 다리를 비벼 소리를 내는 종이 많다. 배는 11마디이며 배 끝에 꼬리털(미모)이 1쌍 있다. 암컷의 산란관은 여치과에 비해 매우 짧고, 삽 모양으로 된 산란관 2개가 있다. 메뚜기과는 뒷다리 넓적마디 바깥 면에 깃털 모양 무늬가 있어 다른 과와 구별된다.

애벌레는 여러 차례 허물을 벗으며 어른벌레가 된다. 각시메뚜기 같은 일부 종은

흑갈색 씨앗 모양으로 배설한다.　　애벌레라 날개가 다 자라나지 않았다.

메뚜기과의 애벌레

애벌레는 군집을 이룬다.

어른벌레로 겨울을 나지만 대부분 알로 겨울을 나기 때문에 어른벌레는 대체로 여름부터 늦가을까지 보인다.

숲속 어두운 곳보다는 숲 가장자리, 산책로, 길가 풀밭, 논밭 등에서 많이 보인다. 대부분 초식성이며, 낮에 활동하나, 일부 종은 밤에 등불에 모이기도 한다.

애벌레는 여러 차례 탈피하며 어른벌레가 된다.

탈피각

입틀은 씹는형으로서 잎사귀, 꽃잎 등을 갈아 먹기에 적합하다.

뒷다리 넓적마디 바깥 면에 깃털 모양 무늬가 있다.

입틀과 뒷다리

쐐기노린재 무리 노린재목 노린재아목 쐐기노린재과

홑눈이 겹눈 뒤쪽에 있다.

노린재목의 특징은 가늘고 긴 입이 아랫면에 붙은 것으로, 노린재아목과 매미아목으로 나눈다. 더듬이가 길면 노린재아목, 더듬이가 짧으면 매미아목이다. 우리나라 쐐기노린재과에는 18종이 있으며, 대부분 전국에 분포한다.

쐐기노린재 무리의 크기는 10㎜ 내외이며 주로 타원형 또는 장타원형으로 생겼다. 더듬이와 주둥이는 대개 4마디로 이루어졌다. 포식성으로 다른 곤충을 포획하기에 알맞게 앞다리 넓적마디가 부풀었다. 홑눈이 겹눈 뒤쪽에 있어 다른 과와 구별된다.

대부분 초본이나 관목림 위에 산다. 주간에 활발하며, 몇 종은 밤에 등불에 잘 모인다. 노린재목에 속한 모든 종이 안갖춤탈바꿈을 하며, 여러 차례 허물을 벗으며 어른벌레가 된다. 애벌레와 어른벌레의 생김새가 닮았으며, 날개가 덜 자랐는지 다 자랐는지로 구별한다. 대부분 어른벌레로 겨울을 나지만 생태가 밝혀지지 않은 종도 많다.

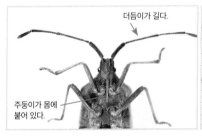

노린재아목

매미아목

쐐기노린재과의 홑눈 위치

장님노린재 무리 노린재목 노린재아목 장님노린재과

쐐기노린재과와 비슷하지만, 수컷 생식기가 비대칭이다.

우리나라 장님노린재과에는 210여 종이 있다. 대부분 전국에 분포하고, 비슷한 종이 많아 특징이 뚜렷하게 드러나지 않을 경우 구별하기 어렵다.

대개 크기는 10㎜보다 작다. 몸이 연약하며 장타원형 또는 타원형이고, 녹색이나 갈색을 띤다. 몇몇 종은 검은색이나 붉은색을 띠기도 한다. 더듬이와 주둥이는 4마디로 이루어졌으며, 홑눈은 없다. 앞날개에 설상부(혁질부 말단의 삼각형 부분)가 있으며, 막질부에는 막힌 날개맥 방이 2개 있다. 쐐기노린재과와 여러 특징이 닮았지만, 수컷 생식기가 비대칭이어서 구별된다.

대부분 식물 즙을 빨아 먹는 식식성이지만 밀감무늬검정장님노린재처럼 다른 곤충을 잡아 체액을 빨아 먹는 종도 있다. 거의 풀밭에 살며, 낮에 활동하나 알락무늬장님노린재 같은 몇 종은 밤에 등불에도 잘 모인다. 생태가 알려지지 않은 종이 많다.

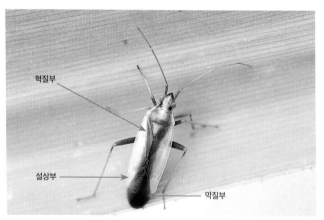

홍색얼룩장님노린재. 몸은 연약하며 장타원형이 많다.

침노린재 무리 노린재목 노린재아목 침노린재과

주둥이가 아래쪽으로 심하게 구부러졌다.

우리나라 침노린재과에는 37종이 있으며, 분포 범위가 넓다. 대부분 특징이 뚜렷해 구별하기 쉬운 편이다.

대개 크기는 10~26㎜이고 몸은 단단한 장타원형이다. 머리는 작고, 목 부분은 상대적으로 가늘다. 주둥이는 3마디이며, 찌르기 쉽게 매우 강하고, 심하게 구부러져 다른 과와 구별된다. 앞다리 넓적마디는 다른 곤충을 잡기 쉽도록 부풀었다. 날개는 있으나, 민날개침노린재처럼 사라진 경우도 있다. 배 가운데부분이 넓게 부풀어 날개 밖으로 드러나는 경우도 많다.

숨어 있다가 작은 곤충이나 나비목 애벌레를 잡아 체액을 빨아 먹는 포식성이며, 우리나라에는 살지 않지만 동물 피를 빨아 먹는 종도 있다. 다리무늬침노린재처럼 주로 낮에 활동하지만 어리큰침노린재처럼 밤에 등불에 모이는 종도 많다. 어른벌레로 겨울을 나지만, 몇몇 종은 생태가 알려지지 않았다.

침노린재과의 특징

다리무늬침노린재. 강한 주둥이로 찔러 체액을 빨아 먹는다.

긴노린재 무리 노린재목 노린재아목 긴노린재과

앞날개 막질부에 굽은 날개맥이 4, 5개 있다.

우리나라 긴노린재과에는 81종이 있다. 비슷한 종이 많아 특징이 뚜렷하게 드러나지 않을 경우 구별하기 어렵다.

크기는 대부분 10㎜ 이하여서 노린재아목 중 작은 편이다. 몸은 연약한 장타원형 또는 길쭉한 형태이며, 색깔은 대부분 암갈색 또는 흑갈색을 띠나, 금속성 광택이 나거나 색이 화려한 종도 있다. 머리는 대부분 삼각형으로 작고, 더듬이와 주둥이는 각각 4마디로 이루어졌다. 앞가슴등판과 작은방패판이 크다. 앞날개 혁질부에 무늬가 있는 경우도 있다. 앞날개 막질부에 굽은 날개맥이 4, 5개 있어 다른 과와 구별되지만 소속 분류군에 대한 분류학적 이견이 있다. 발마디는 3마디이다.

풀밭, 산지 등 다양한 곳에 산다. 알은 대개 10~100개를 잎 뒷면에 하나씩 붙여 낳거나 뭉쳐서 낳는다. 애벌레시기에 함께 모여 사는 군집성 종이 많으며, 대부분 벼과식물 이삭 같은 식물 즙을 빨아 먹는 식식성이지만 큰딱부리긴노린재처럼 다른 곤충을 잡아 체액을 빨아 먹는 종도 있다. 대개 낮에 활동하나 달라스긴노린재 같은 몇 종은 밤에 등불에도 잘 모인다. 생태가 알려지지 않은 종이 많다.

막질부의 굽은 날개맥

달라스긴노린재. 머리는 대부분 삼각형이고, 앞가슴등판과 작은방패판이 크다.

허리노린재 무리 노린재목 노린재아목 허리노린재과

가운뎃다리 밑마디 뒤에 냄새샘이 있다.

우리나라 허리노린재과에는 16종이 있다. 개체수가 많고, 폭넓게 분포하며 종마다 특징이 뚜렷해 구별하기 쉽다.

크기는 15㎜ 내외로 노린재목 중 중형 또는 대형에 속한다. 대개 장타원형이고, 몸 색깔은 갈색 및 흑갈색이다. 머리 폭은 앞가슴등판 뒷부분 폭의 1/2보다 좁으며, 가슴은 넓어 배의 폭과 비슷하다. 더듬이는 4마디이며, 앞날개에 날개맥이 발달했다. 뒷다리의 넓적마디와 종아리마디 모양이 다양하다. 어른벌레의 가운뎃다리 밑마디 뒤에 있는 냄새샘의 구멍이 검은 점으로 뚜렷해 다른 과와 구별된다.

산책길에서 많이 보이고, 시골 마을길 주변, 논밭, 숲 가장자리의 덩굴 위 등에서도 볼 수 있다. 식물 즙이나 과일 즙을 빠는 식식성이다. 암컷은 대개 먹이식물 잎 뒷면에 타원형인 황갈색 알을 낳는다. 노랑배허리노린재처럼 애벌레시기에 함께 모여 사는 군집성 종이 많으며, 일부는 어른벌레로 겨울을 난다.

가운뎃다리 밑마디 뒤에 냄새샘이 있다.

허리노린재과의 특징

호리허리노린재 무리 노린재목 노린재아목 호리허리노린재과

머리 폭이 앞가슴등판 폭과 비슷해 허리노린재 무리와 구별된다.

우리나라 호리허리노린재과에는 6종이 있으며, 그중 톱다리개미허리노린재는 전국에 분포하며 개체수가 많다.

크기는 대부분 15㎜ 내외로 노린재목 중 중형에 속한다. 몸은 좁고 길쭉하며, 겹눈과 홑눈은 둥글고 튀어나왔다. 머리 폭이 앞가슴등판 폭과 비슷해 허리노린재과와 구별된다. 더듬이 끝마디는 길며, 약간 굽었다. 날개가 발달해 잘 난다. 다리는 가늘고 긴 편이며, 발마디는 3마디이고, 뒷다리 넓적마디 안쪽으로 돌기가 여러 개 있는 경우도 있다.

시골 마을길 주변, 논밭, 콩과식물이 많은 곳에 많으며, 식물 씨앗의 즙이나 과일즙을 빠는 식식성이다. 애벌레나 어른벌레가 모여 있는 것이 자주 보인다. 대부분 어른벌레로 겨울을 난다. 생태가 알려지지 않은 종도 여럿 있다.

어른벌레

애벌레

톱다리개미허리노린재 애벌레와 어른벌레. 머리 폭과 앞가슴등판 폭이 비슷해 허리노린재과와 구별된다.

잡초노린재 무리 노린재목 노린재아목 잡초노린재과

앞날개 막질부가 넓고, 날개맥이 많으며, 냄새샘이 없다.

우리나라 잡초노린재과에는 13종이 있으며, 비슷하게 생긴 종이 많아 특징이 뚜렷하지 않은 종은 사진으로는 구별하기 어렵다.

크기는 10㎜ 이하로 노린재목 중 작은 편이다. 몸은 대부분 약간 긴 타원형이며, 대개 갈색이나 흑갈색을 띠고, 몸에 작고 검은 점들이 흩어져 있다. 앞날개 막질부는 넓은 편이고, 날개맥이 많으며, 냄새샘이 없어 냄새가 나지 않는다는 점으로 다른 과와 구별할 수 있다.

시골 및 도시 마을길, 논밭, 냇가의 풀밭에 많으며, 주로 식물 씨앗을 빠는 식식성이다. 암컷은 대개 어른벌레로 겨울을 난 뒤 봄에 땅속에 알을 낳는다. 보통 연 2회 발생하며, 군집으로 생활한다.

앞날개 날개맥

붉은잡초노린재. 앞날개에 날개맥이 많다.

참나무노린재 무리 노린재목 노린재아목 참나무노린재과

더듬이 마디 중 2번째 마디가 가장 길다.

우리나라 참나무노린재과에는 10종이 있다. 계절에 따라 몸 색깔 변화가 심하고, 생식기나 기문의 특징으로 구별되는 종은 윗면 사진만으로는 구별하기 어렵다.

크기 13㎜ 내외로 노린재목 중 보통 크기이다. 대개 몸은 납작한 긴 타원형이고 녹색이다. 머리는 작고, 더듬이는 5마디로 첫 마디가 머리보다 길다. 기부는 겹눈 바로 앞에 있다. 다리는 가늘고 길며, 종아리마디에 짧은 가시 모양 돌기가 있고, 발마디는 3마디다. 더듬이 2번째 마디가 가장 길고, 뒷날개 볼기맥(둔맥)에는 특이한 마찰기관이 있어 다른 과와 구별된다.

대개 참나무 숲에서 보인다. 낮에 숲 가장자리의 활엽수 잎이나 수피에 많으며, 일부 종은 밤에 등불에 잘 날아온다. 식물 즙을 빠는 식식성이다. 냄새샘이 있어 냄새가 심하다. 암컷은 대개 어른벌레로 겨울을 난다.

참나무노린재과의 특징

알노린재 무리 노린재목 노린재아목 알노린재과

작은방패판이 배를 완전히 덮을 정도로 크고 긴 앞날개가 작은방패판 아래에 접혀 있다.

우리나라 알노린재과에는 9종이 있다.

크기는 3~8㎜로 노린재목 중 작은 편이다. 몸은 알 모양으로 윗면이 볼록하고 아랫면이 납작하며 대개 광택이 난다. 머리는 작고 양 가장자리에 겹눈이 튀어나왔으며 더듬이는 대개 5마디이다. 다리는 몸체에 가려 잘 보이지 않을 정도로 짧고, 발마디는 대개 2, 3마디다. 냄새샘은 앞다리와 가운뎃다리 사이 배면에 발달했으며, 포식자의 공격을 받으면 심한 냄새를 풍겨 방어한다. 작은방패판이 배를 완전히 덮을 정도로 크고 긴 앞날개가 작은방패판 아래에 접혀 있어 다른 과와 구별된다.

들판에 접한 낮은 산의 칡덩굴 등에서 많이 보인다. 대부분 식물 즙을 빨아 먹지만 때로는 작은 곤충의 체액을 빨기도 한다. 애벌레는 냄새샘과 날개가 없으며, 그 외의 생김새는 어른벌레와 매우 비슷하다. 군집으로 생활하며, 때로는 콩과식물의 해충으로 취급받는다. 밤에 등불에는 모이지 않는다. 겨울나기를 비롯해 생태가 잘 알려지지 않았다.

앞가슴등판

작은방패판

무당알노린재. 작은방패판이 배를 덮는다.

뿔노린재 무리 노린재목 노린재아목 뿔노린재과

발마디가 2마디다.

우리나라 뿔노린재과에는 21종이 있다.

크기 13㎜ 내외로 노린재목 중 보통 크기다. 몸은 대개 방패 모양으로 앞가슴등판 양쪽 모서리가 커 뿔처럼 보이며, 대부분 녹색이다. 머리는 작고 삼각형이며, 더듬이는 5마디다. 작은방패판이 크며, 종종 뚜렷한 무늬가 있다. 3배마디의 복판 가운데에 가시 모양 돌기가 있다. 앞날개 혁질부에 아름다운 색상이 있으며, 일부 종은 흑갈색이다. 대개 수컷 생식기는 주걱이나 가위 모양으로 튀어나왔다. 발마디(부절)가 2마디로 되어 있어서 다른 과와 구별된다.

활엽수가 많은 산지나 숲 가장자리에서 종종 보인다. 대부분 활엽수의 즙을 빨아먹는 식식성이다. 낮에 산지의 숲 가장자리에 많으며, 몇몇 종은 밤에 등불에 잘 모인다. 푸토니뿔노린재처럼 알이 깨어날 때까지 보호하는 종이 많으며, 애벌레시기에는 군집으로 생활한다. 대개 어른벌레로 겨울을 나지만 생태가 밝혀지지 않은 종도 많다.

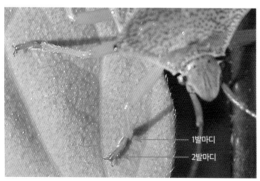

1발마디
2발마디

뿔노린재과의 특징

광대노린재 무리 노린재목 노린재아목 광대노린재과

작은방패판이 배와 날개를 거의 덮으며, 비슷한 형태인 알노린재 무리에 비해 매우 크다.

우리나라 광대노린재과에는 6종이 있다.

크기는 9~26㎜로 다양하며, 노린재목 중 보통이거나 비교적 큰 편이다. 몸은 대부분 등 쪽이 둥글고 배 쪽이 납작한 반구형이며, 일부 종은 금속성 광택이 나는 화려한 색을 띤다. 머리는 삼각형으로 작으며, 더듬이는 5마디다. 다른 과처럼 주둥이가 새의 부리와 같이 앞쪽으로 튀어나왔다. 앞날개와 뒷날개는 막질이다. 다리의 발마디(부절)는 3마디다. 가슴 옆면에 강한 신맛을 저장하는 냄새샘이 있다. 매우 발달한 작은방패판이 배와 날개를 거의 덮어 노린재과와 구별되며, 대개 알노린재과보다 매우 크다.

주로 숲 가장자리, 풀밭, 조경수 등에서 보이고, 도토리노린재 같은 일부 종은 들판에서 보인다. 식물 즙을 빨아 먹는 식식성이다. 낮에 활동하며 등불에는 모이지 않는다. 암컷은 대부분 불투명한 흰색 알을 잎 뒷면에 여러 줄로 줄지어 낳는다. 애벌레는 성장 단계에 따라 몸 색깔과 무늬가 변하기도 하며, 애벌레나 어른벌레 때 함께 모여 생활한다. 대개 어른벌레로 겨울을 나지만 생태가 밝혀지지 않은 종도 많다.

작은방패판

방패광대노린재. 작은방패판이 배와 날개를 덮는다.

톱날노린재 무리 노린재목 노린재아목 톱날노린재과

배마디 가장자리가 톱날처럼 튀어나왔다.

우리나라 톱날노린재과에는 톱날노린재 1종이 있다.

몸은 등 쪽이 편평해 납작한 타원형이며, 전체적으로 흑갈색이다. 머리는 작고, 앞쪽 끝이 얕게 갈라졌다. 더듬이는 4마디다. 머리와 앞가슴등판에 측돌기가 있다. 작은방패판은 짧고, 끝이 뭉툭하며, 앞날개 막질부가 발달해, 배의 절반 정도를 차지한다. 배마디 가장자리가 톱날처럼 튀어나와서 다른 과와 구별된다. 박과식물에서 많이 보이고, 낮에 활동하며 밤에 등불에는 모이지 않는다.

톱날노린재. 배마디 가장자리가 톱날처럼 튀어나왔다.

노린재 무리 노린재목 노린재아목 노린재과

전체적으로 넓적한 방패 모양이며, 작은방패판이 삼각형으로 크다.

우리나라 노린재과에는 70종이 있으며, 대부분 전국에 분포한다.

크기는 4~25㎜로 다양하며, 노린재목 중 보통이거나 비교적 큰 편이다. 몸은 대개 방패형 또는 타원형이며, 녹색이나 갈색을 띤다. 머리는 작고 삼각형 또는 마름모꼴이며, 더듬이는 5마디다. 작은방패판은 삼각형으로 크며, 앞날개 혁질부보다 짧고, 배 끝에 이르지 않는다. 다리의 발마디는 3마디다. 대개 어른벌레는 뒷다리 밑마디 부근 가슴에 냄새샘이 발달해 손으로 잡으면 심한 악취가 난다.

논밭, 냇가, 공원, 숲 가장자리, 산림 등에서 보이며 산책길에도 많다. 대부분 씨앗, 열매, 줄기 등 식물 즙을 빨아 먹는 식식성이나, 일부는 작은 곤충을 잡아먹기도 한다. 대개 낮에 활동하나 일부는 등불에 모이기도 한다. 애벌레는 성장 단계에 따라 몸 색깔과 무늬가 변하기도 해 구별하기 어려운 종이 많다. 거의 어른벌레로 겨울을 나지만 생태가 밝혀지지 않은 종도 많다.

부위별 명칭(장흙노린재)

p.219

쥐머리거품벌레 무리 노린재목 매미아목 쥐머리거품벌레과

뒷다리 종아리마디에 튼튼한 가시가 있고, 작은방패판 끝부분이 뒤쪽으로 늘어나지 않았다.

우리나라 쥐머리거품벌레과에는 쥐머리거품벌레 1종이 있다.

몸은 대부분 적갈색이거나 흑갈색이다. 머리는 앞가슴보다 길고, 좁으며, 얼굴이 둥글게 부풀어 쥐머리와 닮았다. 앞날개는 반투명하고, 다소 단단하며, 뒷날개는 막질로 투명하다. 뒷다리 종아리마디에 튼튼한 가시가 1, 2개 있고, 작은방패판 끝부분이 뒤쪽으로 늘어나지 않아 거품벌레과와 구별된다.

대개 습지, 냇가, 숲 가장자리에서 보이며, 버드나무류의 물관부에 주둥이를 박고 즙을 빠는 식식성이다. 낮에도 많이 보이나, 밤에 등불에도 잘 모인다.

작은방패판

작은방패판 끝부분이 뒤쪽으로 늘어나지 않았다.

거품벌레 무리 노린재목 매미아목 거품벌레과

머리 폭이 넓적해 앞가슴등판 너비와 비슷하며, 옆면은 다소 편평하다.

우리나라 거품벌레과에는 29종이 있으며, 대부분 전국에 분포한다.

머리 앞부분은 뾰족한 편이며, 앞가슴등판 가까이에 길쭉한 겹눈이 있다. 다리는 작고, 가늘어서 위에서 보면 거의 보이지 않는다. 앞날개는 상당히 단단해져 껍질처럼 보인다. 애벌레의 뒷다리는 발달하지 않았고, 어른벌레의 머리 폭은 넓적해 앞가슴등판과 너비가 비슷하며, 옆면은 다소 편평한 편이어서 매미충과와 구별된다.

냇가, 계곡 가, 습지나 연못 주변 같은 습기가 많은 곳에서 보이며, 대부분 식물 줄기에서 즙을 빨아 먹는 식식성이다. 대체로 애벌레는 식물 줄기에서 무리지어 살며, 배설강으로 거품 같은 액체를 몸 주위로 분비하고 그 속에서 생활한다. 겉에서 보면 거품으로 보인다. 이에 반해 어른벌레는 자유생활을 한다. 대개 알로 겨울을 나지만 어른벌레로 겨울을 나기도 한다. 낮에 무리지어 있는 것이 보이며, 일부는 밤에 등불에도 잘 모인다.

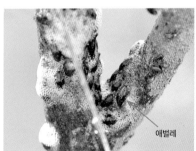

애벌레

겹눈

갈잎거품벌레. 머리가 뾰족하고, 겹눈이 앞가슴등판 가까이에 있다.

매미충 무리 노린재목 매미아목 매미충과

종아리마디에 줄지어 가시가 있고, 이마판이 정수리와 연속된다.

우리나라 매미충과에는 적어도 323종이 있는 것으로 알려지며, 대부분 개체밀도가 높다. 크기가 작은 편이고, 비슷한 종이 많아 특징이 뚜렷하게 드러나지 않을 경우 정확히 구별하기 어렵다.

더듬이는 전체적으로 짧은데, 특히 기부의 두꺼운 부분이 매우 짧고, 나머지 부분은 실 모양이다. 이마 부분에 홑눈 2개가 뚜렷하다. 이마판이 정수리와 연결되었기 때문에 뿔매미과 같은 비슷한 과와 구별된다. 앞날개는 전체가 약간 단단해져 껍질처럼 보이며, 막질부는 없다. 다리는 뛰어오를 수 있을 정도로 발달했으며, 대부분 종아리마디에 줄지어 가시가 있고, 발마디는 3마디다.

논밭, 냇가, 습지, 공원, 숲 가장자리에서 많이 보인다. 대개 식물 잎이나 줄기의 즙을 빨아 먹는 식식성으로 대량 발생해 작물에 피해를 주는 경우가 많아 중요한 농업해충으로 취급한다. 매미아목에 있는 모든 종이 노린재목과 마찬가지로 알-애벌레-어른벌레 단계를 거치는 안갖춤탈바꿈을 하며, 보통 5, 6차례 허물을 벗으며 어른벌레가 된다. 대개 기주식물의 조직 내에서 알로 겨울을 나지만 어른벌레로 겨울을 나기도 한다. 주로 낮에 보이며, 일부는 밤에 등불에도 잘 모인다.

정수리

이마판

금강산귀매미. 이마판이 정수리와 연결되었다.

큰날개매미충 무리 노린재목 매미아목 큰날개매미충과

정수리는 아주 짧고, 겹눈 사이가 매우 넓으며, 날개가 삼각형으로 무척 넓어서 긴날개멸구 무리와 구별된다.

우리나라 큰날개매미충과에는 5종이 있다.

삼각형인 날개가 몸체에 비해 매우 크고 무리지어 있어 눈에 잘 띈다. 머리 정수리는 매우 짧고, 양 가장자리에 튀어나온 겹눈 사이는 아주 넓으며, 날개가 삼각형으로 아주 넓어서 긴날개멸구과와 구별된다. 머리 앞부분은 긴 삼각형이며, 주둥이는 짧고 뾰족하다. 더듬이 기부의 두꺼운 부분이 매우 짧고, 나머지 부분은 실 모양이다. 다리는 튀어오를 수 있을 정도로 발달했다. 배는 짧고 작다.

논밭, 냇가, 습지, 공원, 숲 가장자리에서 많이 보인다. 식물의 잎과 줄기뿐만 아니라 열매의 즙을 빨아 먹는 식식성으로 때로는 대량 발생해 작물에 큰 피해를 준다. 애벌레는 배 끝부분에 긴 꼬리술이 있어 멀리서 보면 몸이 안 보여 마치 솜털 뭉치 같다. 대개 먹이식물 줄기 속에서 알로 겨울을 난다. 주로 낮에 보이며, 일부는 밤에 등불에 잘 모인다.

겹눈

부채날개매미충. 겹눈 사이와 날개가 매우 넓어서 긴날개멸구과와 구별된다.

긴날개멸구 무리 노린재목 매미아목 긴날개멸구과

주둥이의 끝마디가 짧고, 날개가 지붕 모양으로 접힌다.

우리나라 긴날개멸구과에는 10종이 있으며, 대부분 특징이 뚜렷해 구별하기 쉽다.

몸은 8~11㎜로 앞날개보다 매우 작다. 머리는 매우 작고, 겹눈은 뚜렷하다. 앞날개가 뒷날개보다 매우 크며, 대개 무늬가 있다. 다리는 작고 가늘지만 잘 튀어 오를 수 있다. 장삼벌레과와 여러 가지 특징이 닮았으나, 주둥이 끝마디가 짧고, 날개가 지붕 모양으로 접히기 때문에 구별된다.

논밭, 냇가, 습지, 숲 가장자리에서 많이 보인다. 어른벌레는 기주선택성이 강해 대개 한 종류 식물에서만 즙을 빨고, 애벌레는 균류를 먹는다. 대부분 낮에는 잎 뒷면에 숨으며, 일부는 밤에 등불에 잘 모인다.

끝빨간긴날개멸구. 주둥이 끝마디가 짧고, 날개가 지붕 모양으로 접히기 때문에 장삼벌레과와 구별된다.

멸구 무리 노린재목 매미아목 멸구과

뒷다리 종아리마디가 매끈하며, 마디 끝부분에 커다란 며느리발톱이 있다.

우리나라 멸구과에는 적어도 56종이 있는 것으로 알려지며, 대개 크기가 작고 비슷한 종이 많아 구별하기 어렵다.

몸은 대부분 10㎜보다 작다. 머리는 작고, 겹눈은 뚜렷하게 튀어나왔다. 주둥이에 긴 마디가 있다. 더듬이 기부는 두껍고 짧으며, 나머지 부분은 실 모양이다. 가운뎃다리의 밑마디는 길고, 서로 멀리 떨어졌다. 매미충과의 뒷다리 종아리마디에는 센털이 줄지어 있지만, 멸구과의 뒷다리 종아리마디는 매끈하며, 마디 끝부분에 커다란 며느리발톱이 있어 구별된다. 그리고 앞다리 넓적마디가 부채 모양으로 편평하지 않아 넓적다리멸구과와 구별된다.

논밭, 냇가, 습지 등 풀이 풍부한 곳에 많다. 어른벌레와 애벌레는 식물 즙을 빠는 식식성이고, 대량 발생해 농작물에 피해를 끼치는 종이 많다. 따스한 지역에서는 어른벌레로 겨울을 나기도 한다. 낮에 풀밭에 많고, 일부는 밤에 등불에도 잘 모인다.

뒷다리 종아리마디

며느리발톱

멸구과의 특징

선녀벌레 무리 노린재목 매미아목 선녀벌레과

앞날개가 부채 모양으로 크고 넓으며, 그물맥이 발달했다.

우리나라 선녀벌레과에는 3종이 있으며, 선녀벌레는 전라남도, 경상남도, 제주도 등 남부 지역에 주로 살며, 봉화선녀벌레는 남부 지역 및 서해안 중남부 바닷가에서 주로 보인다. 미국선녀벌레는 2009년에 처음 확인되어 현재 중부 및 남부 지역에 폭넓게 분포한다. 종마다 특징이 뚜렷해 구별하기 쉽다.

머리는 작고, 가슴에 납작하게 붙은 모양이다. 더듬이는 작다. 다리는 작지만 강해 잘 뛰어오른다. 앞날개가 부채 모양으로 크고 넓으며, 그물맥이 발달해 다른 과와 구별된다.

논밭, 냇가, 공원, 숲 가장자리, 도시 가로수 등에서 보인다. 어른벌레와 애벌레는 식물의 즙을 빠는 식식성이고, 대량 발생해 과일 나무를 비롯한 여러 나무에 피해를 끼치기도 한다.

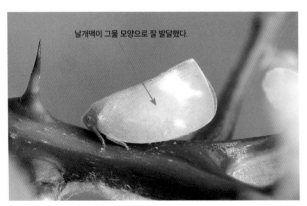
날개맥이 그물 모양으로 잘 발달했다.

선녀벌레. 앞날개가 부채 모양으로 크다.

꽃매미 무리 노린재목 매미아목 꽃매미과

머리가 편평하고, 위쪽을 향해 튀어나왔다.

우리나라 꽃매미과에는 희조꽃매미와 꽃매미, 이 2종이 있으며, 남부 바닷가를 제외한 전국에 분포한다. 종마다 특징이 뚜렷해 구별하기 쉽다.

날개는 크고 대개 무늬가 있다. 다리가 강해 잘 뛰어오른다. 머리가 편평하고, 위쪽으로 튀어나왔기 때문에 다른 과와 구별된다.

논밭, 냇가, 공원, 도시 가로수 및 조경수, 숲 가장자리에서 많이 보이고, 어른벌레와 애벌레는 식물 줄기의 즙을 빨아 먹는 식식성이다. 대량 발생해 과일 나무에 피해를 주는 경우가 많아 해충으로 취급한다. 희조꽃매미는 산림 중심으로 보인다. 꽃매미는 낮에 모여 있는 것이 많이 보이며, 희조꽃매미는 밤에 등불에 잘 모인다.

꽃매미. 머리 앞부분이 위를 향해 튀어나왔다.

상투벌레 무리 노린재목 매미아목 상투벌레과

머리가 가늘고 길게 앞으로 튀어나왔으며, 얼굴에 세로 융기선이 3개 있다.

　우리나라 상투벌레과에는 9종이 있으며, 그중 상투벌레와 깃동상투벌레는 전국의 시골 마을 주변에서 보인다. 대개 종마다 특징이 뚜렷해 구별하기 쉽다.

　머리는 가늘고 앞으로 길게 튀어나왔으며, 얼굴에는 세로 융기선이 3개 있어 좀머리멸구과 및 비슷한 과와 구별된다. 더듬이는 매우 작고, 겹눈 바로 뒤쪽에 있다. 이마가 앞쪽으로 길게 나왔다. 앞가슴등판은 폭이 좁다. 작은방패판은 크고 대개 세로 줄무늬가 있다. 날개는 막질로 배 끝을 훨씬 넘을 정도로 길며, 날개 중앙부에서 외연까지는 그물맥으로 되어 있다. 다리가 강해 잘 뛰어오른다.

　논밭, 냇가, 공원, 숲 가장자리에서 종종 보이고, 어른벌레와 애벌레는 주로 쌍떡잎식물의 즙을 빨아 먹는 식식성으로 보통 먹이식물의 잎에서 보인다. 상투벌레는 봄부터 가을까지 보이는 것에 비해 깃동상투벌레는 대개 8~9월에 어른벌레가 보인다.

상투벌레. 머리가 길고 뾰족하다.

매미 무리 노린재목 매미아목 매미과

매미아목 중 가장 크고 정수리에 홑눈이 3개 있다.

우리나라 매미과에는 13종이 있으며, 매미아목 중 가장 크고 대개 종마다 특징이 뚜렷해 구별하기 쉽다.

크기는 15~45㎜로 다양하고 몸은 장타원형이다. 머리는 크고 겹눈은 양 가장자리로 크게 튀어나왔다. 더듬이는 잘 보이지 않을 정도로 짧으며, 기부와 2마디는 다소 굵고, 나머지는 매우 가늘다. 주둥이는 나무 수액을 빨아 먹기에 적합하게 길고 뾰족하다. 날개는 날기에 적합하며 앞날개가 뒷날개보다 매우 크고 막질이나 가죽 껍질처럼 된 종도 있다. 앞가슴등판과 가운뎃가슴등판은 크고 넓으며 가운데가 높아 둥글게 보인다. 배는 굵고, 대부분 종의 수컷에는 기부 양쪽의 안쪽에 잎사귀 모양 발음기가 있다. 암컷의 배 끝에는 긴 산란관이 있다. 발마디는 3마디이고, 뒷다리의 밑마디는 거의 움직일 수 없어 뛰어오르기보다는 기어 다니기에 알맞다. 매미아목 중 크기가 매우 크고 정수리에 홑눈이 3개 있어 다른 과와 구별된다.

매미 애벌레는 어른벌레와 생김새가 매우 다르며, 땅속 나무뿌리에서 수액을 빨아 먹는다. 어른벌레는 대개 여름에 숲 가장자리, 가로수 및 조경수, 공원 등에서 보이며 대부분 수피에 앉아 수액을 빨아 먹는다. 하지만 풀매미처럼 봄에 풀밭에서 보이는 종도 있고, 늦털매미처럼 가을에 나타나는 종도 있다.

매미과에 속한 종은 홑눈이 3개다.
매미충과는 홑눈이 2개다.

매미과의 홑눈

머리 앞가슴등판

가운뎃가슴등판

앞날개

뒷날개

배

부위별 명칭(말매미)

노린재아목 곤충과 달리 더듬이가 매우 짧고 가늘다.

노린재아목 곤충처럼 주둥이가 몸에 붙어 있으며, 가늘고 뾰족하다.

배딱지가 꽃잎 모양으로 크다.

수컷보다 배딱지가 매우 작다.

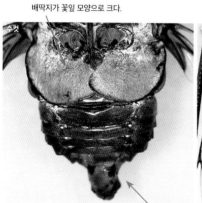

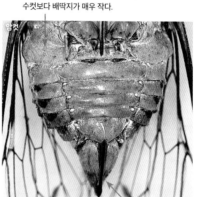

암수 차이(참매미)

배 끝은 뭉툭하다.

배 끝에 홈이 있는 것처럼 산란관이 보인다.

애벌레

우화(날개돋이) 과정

풀잠자리 무리 풀잠자리목

더듬이가 길고, 날개를 배 위에 지붕 모양으로 겹쳐 얹는다.

우리나라 풀잠자리목에는 풀잠자리과, 뱀잠자리과, 사마귀붙이과, 명주잠자리과, 뿔잠자리과 등 10과에 41종이 있다. 날개 편 모습은 잠자리와 비슷하지만, 더듬이가 길고, 날개를 배 위에 지붕 모양으로 겹쳐 놓고 쉬는 것이 잠자리와 다르다.

몸은 부드럽고 약한 편이며, 길쭉하다. 머리는 작으며, 겹눈은 튀어나왔다. 입은 씹기에 알맞게 생겼다. 더듬이에는 마디가 많으며, 대개 실 모양으로 길다. 앞날개와 뒷날개의 크기와 모양이 비슷하고, 날개맥은 그물 모양이다. 배 끝에 미모가 없다. 다리는 몸에 비해 가늘며, 발마디는 5마디다.

풀잠자리과는 알-애벌레-번데기-어른벌레 단계를 거치는 갖춤탈바꿈을 한다. 애벌레와 어른벌레는 대체로 진딧물, 개미 등 작은 곤충을 잡아먹는 포식성이다. 들판이나 산지, 냇가 등에서 보이나, 풀잠자리과는 풀밭, 사마귀붙이과 및 뿔잠자리과는 산지, 뱀잠자리과는 계곡 가, 명주잠자리과는 모래가 있는 곳에서 더 많이 보인다.

날개맥

애명주잠자리. 앞뒤 날개의 모양과 크기가 비슷하고, 날개맥이 그물 모양이다.

딱정벌레 무리 딱정벌레목 딱정벌레과

앞다리 발마디에 더듬이를 청소하는 데 필요한 빗 모양 구조물이 있다.

우리나라 딱정벌레과에는 길앞잡이아과, 먼지벌레아과, 딱정벌레아과 등이 있으며, 적어도 485종이 있는 것으로 알려진 매우 큰 과이다. 대부분 개체밀도가 높고, 분포 범위가 넓어 논밭, 냇가, 습지, 갯벌, 공원, 숲, 산길에서 많이 보인다. 그러나 먼지벌레과처럼 비슷한 종이 많고, 종의 특징이 뚜렷하게 드러나지 않을 경우 사진으로는 정확히 구별하기 어렵다.

몸은 대개 길쭉하고 납작하다. 몸 색깔은 흑갈색이거나 검은색이나, 때로는 금속성 광택이 나는 것도 있으며, 크기가 다양하다. 머리가 가슴보다 좁고, 입틀은 앞쪽을 향한다. 더듬이는 실 모양으로 11마디이며, 겹눈 사이에서 뻗어 나온다. 큰턱이 크고 대체로 그 안쪽에 톱니가 있다. 턱수염은 5마디이고 입술수염은 3마디. 앞날개인 딱지날개는 매우 두꺼워 나는 기능이 없고, 막질인 뒷날개로 비행한다. 그러나 뒷날개가 퇴화해 땅을 기어 다니는 종류도 많다. 다리는 달리기에 적합하며, 발마디는 5마디다. 배는 주로 6마디다.

여러 아과가 모여 있어 특징이 복합적이나, 대개 앞다리 발마디에 더듬이를 깨끗이 하는 데 사용하는 빗 모양 구조물이 있고, 뒷다리 도래마디가 길며, 가슴 복판 뒷다리 밑마디 앞부분에 가로 회합선이 있어 다른 과와 구별된다.

딱정벌레목에 속한 모든 종은 알-애벌레-번데기-어른벌레 단계를 거치는 갖춤탈바꿈을 한다. 딱정벌레과에 속한 애벌레와 어른벌레는 모두 작은 곤충을 잡아먹는 포식성이다. 길앞잡이과는 한낮에 산길, 모래밭, 냇물 및 갯벌 주변의 개방된 장소에 모여 있는 경우가 많다. 먼지벌레과나 홍단딱정벌레 같은 종은 밤에 활발해 등불에 모이고, 낮에는 숲 가장자리 땅바닥이나 낙엽층에서 지내는 경우가 많다.

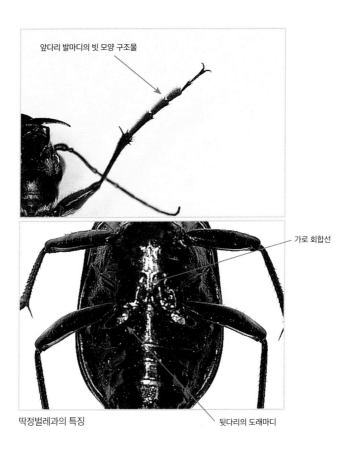

앞다리 발마디의 빗 모양 구조물

가로 회합선

딱정벌레과의 특징

뒷다리의 도래마디

송장벌레 무리 딱정벌레목 송장벌레과

더듬이 끝이 둥글게 부풀었고, 11마디로 되었다.

우리나라 송장벌레과에는 26종이 있으며, 논밭, 냇가, 습지, 갯벌, 공원, 숲, 산길 등에서 보인다. 대부분 딱지날개나 앞가슴등판에 뚜렷한 특징이 있어 종을 구별하기가 비교적 편하다.

머리는 앞가슴등판에 비해 매우 작으며, 겹눈은 머리 양 가장자리로 크게 튀어나왔다. 앞가슴등판 양 가장자리에 테두리가 있으며, 대개 털이 없다. 딱지날개는 끝이 절단형으로 대부분 배 끝을 덮지만, 짧은 종의 경우 배 끝 3마디 또는 4마디가 드러나기도 한다. 뒷날개는 막질이어서 잘 날아다닌다. 수컷은 보통 앞다리의 발마디들이 넓으며, 각 다리의 종아리마디는 대체로 안쪽으로 굽었다. 풍뎅이과와 여러 특징이 같으나, 더듬이가 끝이 둥글게 부푼 11마디이기 때문에 구별된다.

송장벌레과의 애벌레와 어른벌레는 신선한 고기보다는 썩은 고기를 주로 먹는 부육성이며, 일부 종은 곰팡이, 동물 배설물을 먹는다. 송장벌레 같은 곤봉송장벌레아과에 속한 종들은 작은 동물의 사체를 매장하고 그 위에 알을 낳는다. 검정송장벌레 등 대부분 종은 밤에 등불에 많이 모이나, 네눈박이송장벌레, 대모송장벌레 등 몇 종은 등불에 거의 모이지 않으므로 낮에 숲 가장자리나 썩은 동물 사체 주변을 뒤져 보아야 보인다.

└ 더듬이 끝

큰수중다리송장벌레. 더듬이 끝이 부풀었다.

사슴벌레 무리 딱정벌레목 사슴벌레과

더듬이는 10마디이며 'ㄴ'자 모양이다.

우리나라 사슴벌레과에는 17종이 있으며, 넓적사슴벌레와 애사슴벌레처럼 낮에 보이는 종도 많으나 나무속에서만 생활하는 큰꼬마사슴벌레처럼 나무속을 헤쳐 보기 전에는 볼 수 없는 종도 여럿 있다.

종 및 개체마다 몸집 차이가 크지만, 대개 몸집이 크고 긴 타원형으로 납작하며 딱딱하다. 머리 폭은 넓으며, 양 가장자리에 겹눈이 약간 튀어나왔다. 더듬이는 10마디로 'ㄴ'자 모양이다. 수컷은 큰턱이 매우 크고 집게 모양이며, 종마다 특징이 뚜렷하다. 이에 반해 암컷의 큰턱은 매우 작다. 앞가슴등판은 대체로 머리 크기만 하다. 딱지날개는 매끈하며 매우 단단하다. 뒷날개는 막질로 딱지날개보다 훨씬 커서 잘 날아다닌다. 발마디는 모두 5마디이며, 발마디 끝의 발톱 크기는 모두 비슷하다. 사슴벌레붙이과와 여러 특징이 같으나, 더듬이 1마디가 매우 길고, 다음 마디가 'ㄴ'자 모양으로 꺾여 구별된다.

어른벌레 입 구조는 삼투압을 이용한 특이한 형태로 나무진을 먹으며, 애벌레는 나무의 목질을 갉아 먹는다. 대개 야행성으로 등불에 잘 날아오지만, 넓적사슴벌레, 참넓적사슴벌레, 애사슴벌레, 톱사슴벌레 등은 참나무 진이 많이 나는 곳이라면 낮에도 많이 보인다. 나무진이 거의 나지 않는 봄에는 나무 끝 새순에서도 종종 보인다.

더듬이

큰턱

애사슴벌레. 수컷의 큰턱이 뿔 같으며, 더듬이는 'ㄴ'자 모양이다.

소똥구리 무리 딱정벌레목 소똥구리과

가운뎃다리 밑마디 사이가 넓다.

우리나라 소똥구리과에는 34종이 있으며, 주로 동물 배설물에서 보인다.

종 및 개체마다 몸집 차이가 크지만, 대개 반구형으로 타원형이거나 장타원형이다. 머리는 좁으나 넓적한 편이고, 머리나 앞가슴등판은 매끈하나 일부는 뿔이나 돌기가 있다. 머리방패는 앞으로 늘어나 입틀을 완전히 덮는다. 더듬이는 8, 9마디로 끝부분의 3~7마디는 라멜라라고 불리는 판 여러 개로 구성되었으며, 골프채 머리 모양이다. 앞다리의 종아리마디는 안쪽으로 약간 휘었고, 바깥 면으로는 거치가 있으며, 흙을 파기에 적합하게 생겼다. 뒷다리 종아리마디에 며느리발톱이 1개 있다. 딱지날개는 단단하며, 세로 홈줄이 있는 경우가 많다. 뒷날개는 막질로 매우 커서 잘 날아다닌다. 똥풍뎅이과와 여러 특징이 닮았으나, 더듬이가 8, 9마디이고, 작은 방패판이 매우 작아 보이지 않으며, 가운뎃다리 밑마디 사이가 넓어 구별된다.

어른벌레와 애벌레는 동물 배설물, 퇴비, 썩은 고기 등을 먹는다. 소똥구리, 왕소똥구리, 긴다리소똥구리는 동물 배설물을 굴려 공 모양을 만든다. 그러나 남한에서는 지금 소똥구리를 볼 수 없고, 그 외의 종도 환경변화에 따라 보기 힘들어졌다. 소똥구리과는 대개 등불에 잘 날아오지만, 낮에도 활발하다.

가운뎃다리 밑마디 사이가 넓다.

소똥구리과의 특징(뿔소똥구리)

금풍뎅이 무리 딱정벌레목 금풍뎅이과

더듬이가 11마디이고, 딱지날개에 깊게 파인 세로 줄이 있다.

우리나라 금풍뎅이과에는 4종이 있으며, 주로 활엽수 숲에 있는 동물 배설물에서 보인다.

대개 반구형으로 등 쪽이 볼록하고, 배 쪽은 편평하다. 머리는 작고 앞으로 튀어나왔으며, 더듬이는 11마디로 끝이 골프채 머리 모양이다. 작은턱수염은 4마디이며, 입술수염은 3, 4마디다. 앞가슴등판이 크고 앞가장자리에 돌기가 있는 종도 있다. 다리의 종아리마디는 안쪽으로 약간 휘었으며, 바깥 면에 거치가 있다. 각 발마디는 5마디이며, 발톱은 서로 모양이 같다. 붙이금풍뎅이과와 여러 특징이 같으나, 더듬이가 11마디이고, 딱지날개에 깊게 파인 세로 줄이 있어 구별된다.

애벌레와 어른벌레는 동물 배설물, 곰팡이 등을 먹는다. 어른벌레는 구멍을 파 배설물을 둥글게 뭉쳐 넣고 알을 낳는다. 보라금풍뎅이는 낮에 비교적 높은 산지의 숲에서 비행하는 것이 종종 보이나 나머지 종은 보기 어렵다.

딱지날개

보라금풍뎅이. 딱지날개의 홈이 깊다.

검정풍뎅이 무리 딱정벌레목 검정풍뎅이과

발톱 2개의 길이가 비슷하거나 같다.

우리나라 검정풍뎅이과에는 적어도 53종이 있다고 알려지며, 개체수가 많고, 전국에 분포해 논밭, 냇가, 숲 가장자리에서 많이 보인다.

크기는 종에 따라 다양하며, 대체로 장타원형이다. 대개 몸 색깔은 검은색이나 갈색이고, 딱지날개에 특징적인 무늬가 없어 구별하기 어려운 종이 많다. 입틀은 단단하며, 윗입술과 큰턱이 머리방패 밑에 가려져 위에서는 보이지 않는다. 더듬이의 곤봉마디는 보통 길게 늘어났으며, 3마디 또는 그 이상이다. 등 쪽은 대부분 매끈하나 일부 종은 비늘로 덮였다. 뒷다리 종아리마디 가시는 1, 2개이며, 발톱은 고정되었다. 머리방패 양옆이 안쪽으로 파이지 않아 꽃무지과와 구별되며, 다리 끝 마디에 있는 발톱 2개의 길이가 같아 풍뎅이과와 구별된다. 풍뎅이과는 발톱 2개의 길이가 다르다.

어른벌레는 각종 식물의 잎을 갉아 먹는 식식성이며, 애벌레는 다양한 식물의 뿌리를 갉아 먹어 농업해충으로 취급되는 종이 많다. 낮에는 땅속이나 뿌리 근처에 숨어 있는 종이 많고, 대부분 종은 밤에 등불에 잘 모인다.

발톱 2개의 길이가 서로 같다.

더듬이 마지막 3~7마디가 각각 납작한 이파리 모양(엽상)인 점이 검정풍뎅이과, 풍뎅이과 등이 포함된 풍뎅이상과의 가장 큰 특징이다.

검정풍뎅이과의 특징

부위별 명칭(왕풍뎅이)

앞날개인 딱지날개는 단단하고,
뒷날개는 막질이고 커서 잘 날 수 있다.

장수풍뎅이 무리 딱정벌레목 장수풍뎅이과

큰턱이 머리방패 밖으로 드러났다.

우리나라 장수풍뎅이과에는 3종이 있으며, 남부 지역의 울창한 숲에서 주로 보이나, 근래 있었던 사육 개체 방사로 수도권 및 강원도 춘천 등지에서도 종종 보인다.

몸은 장타원형으로 검은색 또는 흑갈색이다. 매우 크고 무거우나, 뒷날개가 커 잘 날아다닌다. 수컷은 머리와 앞가슴등판에 뿔이 있지만 암컷은 없다. 더듬이는 8~10마디이며, 끝 3마디는 볼록하다. 다리의 발마디는 길고 단순하다. 뒷다리 첫 번째 발마디에 강한 가시가 있다. 넓은 잎사귀 모양인 큰턱이 머리방패 밖으로 노출되어 풍뎅이과와 구별된다.

어른벌레는 참나무류 수액, 숙성된 과일 등을 빨아 먹는 식식성이며, 애벌레는 부엽토, 썩은 나무 등을 먹는다. 대개 낮에 나무 구멍이나 땅속에 숨어 있고, 밤에 등불에 종종 모인다.

머리방패

큰턱이 머리방패 밖으로 드러났다.

장수풍뎅이과의 특징

풍뎅이 무리 **딱정벌레목 풍뎅이과**

발톱 2개의 길이가 다르고, 따로 움직일 수 있다.

우리나라 풍뎅이과에는 적어도 31종이 있다고 알려지며, 논밭, 냇가, 숲 가장자리에서 많이 보인다.

몸은 달걀형 또는 타원형이고, 몸 색깔은 녹색, 노란색 등으로 다양하며, 일부 종은 금속성 광택을 띠기도 한다. 머리는 작고, 겹눈은 튀어나왔다. 큰턱은 약한 편이며, 머리방패 밑에 가려져 있다. 더듬이는 9, 10마디이며, 끝의 3마디가 볼록하다. 앞가슴등판은 크고 작은방패판은 드러났으며, 딱지날개는 대개 배를 덮는다. 앞다리의 밑마디는 가로형이며, 가운데와 뒷다리 종아리마디의 가시는 2개다. 검정풍뎅이과와 여러 특징이 닮았으나, 다리 끝의 발톱 2개의 길이가 다르고, 각각 움직일 수 있어 구별된다.

어른벌레는 각종 식물의 잎을 갉아 먹는 식엽성이며, 애벌레는 다양한 식물의 뿌리를 갉아 먹거나 부엽성 물질을 먹는다. 대체로 낮에 보이지만, 밤에 등불에 모이는 종도 많다.

발톱 2개의 길이가 다르다.

풍뎅이과의 특징

꽃무지 무리 <small>딱정벌레목 꽃무지과</small>

딱지날개 앞쪽 가장자리가 움푹 파였다.

우리나라 꽃무지과에는 18종이 있으며, 논밭, 냇가, 숲 가장자리에서 꽃핀 식물이나 나무진에 모여 있는 것이 자주 보인다.

몸은 대개 넓적하며, 색깔이 화려하거나 딱지날개에 무늬가 있다. 머리는 작고 앞으로 튀어나왔으며, 양 가장자리로 작은 겹눈이 튀어나왔다. 입은 핥아 먹는 형태이며 큰턱은 작다. 윗입술은 막질이며 머리방패 밑에 있다. 앞가슴등판은 크고, 작은방패판은 뚜렷하다. 딱지날개는 매끈하거나 돌기나 털이 있다. 앞다리의 밑마디는 수직형이고, 발톱 2개는 길이가 같다. 머리방패 양옆이 안쪽으로 파여서 더듬이의 삽입부가 위에서 뚜렷하게 보인다. 딱지날개 앞쪽 가장자리가 넓게 파였으며, 배의 복판 분절이 뚜렷해 비슷한 검정풍뎅이과와 구별된다.

대체로 어른벌레는 각종 꽃가루, 과일 및 수액을 핥아 먹으며, 애벌레는 땅속이나 썩은 나무속에서 썩은 식물질을 먹는다. 낮에 활발하며, 밤에 등불에는 모이지 않는다.

머리방패 더듬이 겹눈

머리방패 양옆에 있는 홈(더듬이가 끼워진다.)

딱지날개 앞쪽 가장자리가 폭넓게 파였다.

꽃무지과의 특징

비단벌레 무리 딱정벌레목 비단벌레과

복판 1, 2마디가 부분적으로 융합되었다.

우리나라 비단벌레과에는 적어도 85종이 있다고 알려지며, 논밭, 냇가, 숲 가장자리에서 보인다. 딱지날개에 특징적인 무늬가 없는 작은 종은 사진으로는 구별하기가 어렵다.

대개 몸은 넓적하며, 매우 딱딱하고, 긴 원통형 또는 장타원형으로 종에 따라 크기가 다양하다. 금속성 광택이 나는 아름다운 색을 띤 경우가 많고, 일부 종은 갈색 또는 흑갈색이다. 머리는 넓적하고, 입은 아래턱이 위턱보다 긴 아래입틀식(하구식)이며, 양 가장자리에 비교적 큰 겹눈이 튀어나왔다. 더듬이는 대부분 11마디이며, 각 마디가 톱니 모양이다. 앞가슴등판은 크며, 보통 세로보다 가로 길이가 더 길다. 딱지날개는 길쭉하고, 그 끝은 좁아져 뾰족하며 매끈한 편이지만, 일부 종은 작은 점각이 있다. 복판 1, 2마디가 부분적으로 융합되어 방아벌레과와 구별된다.

어른벌레는 각종 꽃 꿀, 과일 및 수액을 핥아 먹거나 잎 가장자리를 먹으며, 애벌레는 주로 나무줄기 및 뿌리 속을 먹는 천공성이지만 일부는 다양한 잎을 먹기도 한다. 낮에 활발하며, 밤에 등불에는 모이지 않는다.

멋쟁이호리비단벌레. 앞가슴등판은 대개 세로보다 가로가 더 길다.

p.297~299

방아벌레 무리 딱정벌레목 방아벌레과

앞가슴 뒤쪽 양 가장자리가 길게 늘어나 가운뎃가슴의 홈에 들어간다.

우리나라 방아벌레과에는 적어도 103종이 있다고 알려지며, 풀밭, 냇가, 숲 가장자리, 산지 등에서 보인다. 손으로 잡으면 앞가슴등판이 "똑딱"거리며 움직이거나 뒤집혔을 때 튀어 오르기 때문에 방아벌레과라는 것을 쉽게 알 수 있다. 그러나 딱지날개에 특징적인 무늬가 없는 작은 종은 사진으로는 구별하기 어렵다.

대개 몸은 납작하며 매우 딱딱하고, 긴 원통형 또는 장타원형으로 종에 따라 크기가 다양하다. 대체로 검은색이나 갈색을 띤다. 머리는 작고, 양 가장자리에 비교적 큰 겹눈이 튀어나왔다. 더듬이는 대부분 11, 12마디이며, 톱니 모양, 빗살 모양 또는 실 모양이지만 암수에 따라 다르기도 하다. 앞가슴등판은 가운데가 불룩하고, 뒷가장자리는 뾰족하게 튀어나왔으며, 대개 딱지날개에는 세로 융기선이 여러 개 있다. 배는 5마디이며, 맨 끝마디가 자유롭게 움직인다. 다리는 짧고, 발마디는 5마디다. 앞가슴과 가운뎃가슴이 유연하게 연결되었고, 앞가슴 뒤쪽 양 가장자리의 긴 돌기가 늘어나 가운뎃가슴의 홈에 들어가 있어 하늘소과나 비단벌레과와 구별된다.

어른벌레는 주로 각종 꽃, 새싹을 갉아 먹으며, 애벌레는 식물 뿌리, 씨앗, 잎을 먹는다. 낮에 활발하며, 일부 종은 밤에 등불에도 잘 모인다.

얼룩방아벌레. 앞가슴등판 뒷가장자리가 뾰족하다.

방아벌레붙이 무리 딱정벌레목 방아벌레붙이과

머리대장과와 여러 가지 특징이 비슷하나 몸이 원통형이어서 구별된다.

우리나라 방아벌레붙이과에는 7종이 있으며, 냇가, 논밭, 숲 가장자리 등 풀밭이 많은 곳에서 주로 보인다.

대개 몸은 광택이 나는 긴 원통형 또는 장타원형으로 크기는 작은 편이다. 더듬이는 대부분 11마디이며, 끝 3~6마디는 부풀었다. 앞가슴등판은 좁고, 앞쪽으로 경사졌다. 딱지날개는 가늘고 좁으며, 주로 털이 없어 매끈하다. 막질인 뒷날개에는 발음줄판이 있어 딱지날개와 마찰시켜 소리를 낸다. 배는 5마디다. 뒷다리 밑마디는 앞다리보다 넓으며, 발마디는 4마디로 되었다. 머리대장과와 여러 가지 특징이 비슷하나 몸이 원통형이어서 구별된다.

어른벌레와 애벌레의 생태는 잘 알려지지 않았다. 낮에 활동하며, 밤에 등불에는 모이지 않는다.

몸이 원통형이어서 머리대장과와 구별된다.

방아벌레붙이과의 특징

p.302~305

병대벌레 무리 딱정벌레목 병대벌레과

이마방패가 막질이고, 딱지날개 뒷부분이 급격히 좁아지며, 뒷다리 밑마디가 반원뿔형으로 불쑥 나왔다.

　우리나라 병대벌레과에는 적어도 35종이 있다고 알려지며, 냇가, 논밭, 숲 가장자리 등 풀밭이 많은 곳에서 주로 보인다.

　대개 몸은 긴 원통형으로 부드러우며, 크기는 작은 편이다. 머리 양 가장자리에 겹눈이 튀어나왔다. 더듬이는 대부분 11마디이며, 실 모양이지만 드물게 톱니나 빗살 모양인 종도 있다. 앞가슴등판은 주로 좁거나 가장자리가 늘어났다. 딱지날개는 부드럽고, 끝부분은 급격히 좁아진다. 배는 7, 8마디다. 각 다리의 발마디는 5마디이며, 4발마디가 잎 모양으로 넓다. 의병벌레과와 여러 특징이 같으나, 이마방패가 막질이고, 딱지날개 뒷부분이 급격히 좁아지며, 뒷다리 밑마디가 반원뿔형으로 불쑥 나와 구별된다.

　어른벌레는 식물 즙, 꽃가루, 작은 곤충 등을 먹는다. 애벌레는 대부분 육식성이고, 일부 종만이 식물을 먹는다. 낮에 활동하며, 몇몇 종은 밤에 등불에 모인다.

딱지날개 끝부분이 급격히 좁아진다.

병대벌레과의 특징

개미붙이 무리 **딱정벌레목 개미붙이과**

4발마디가 뚜렷하게 다르다. 앞다리 밑마디가 원뿔형으로 드러났다.

우리나라 개미붙이과에는 20여 종이 있으며, 논밭, 숲 가장자리, 산지의 나무에서 가끔 보인다.

대개 몸은 장타원형 또는 원통형으로 작고 억센 털이 밀생하며, 대부분 여러 가지 무늬가 있다. 머리가 앞으로 튀어나왔고, 아랫입술수염은 도끼 모양이다. 머리 양 가장자리에 큰 겹눈이 튀어나왔다. 더듬이는 대체로 11마디이며, 곤봉 모양이지만, 실 모양, 톱니 모양, 빗살 모양 등도 있다. 앞가슴등판은 주로 원통형으로 딱지날개 폭보다 좁다. 배는 5, 6마디다. 각 다리의 발마디는 5마디이지만 대부분 4마디가 뚜렷하게 다르다. 이러한 발마디의 특징과 앞다리 밑마디가 원뿔형으로 드러나는 점으로 여러 특징이 비슷한 길쭉벌레과와 구별된다.

어른벌레는 대개 포식성이나 불개미붙이처럼 꽃가루나 꿀을 먹는 종도 있다. 암컷은 나무껍질 속에 알을 30여 개 낳는다. 애벌레는 벌집, 메뚜기의 알집, 나무좀 등을 먹는다. 주로 낮에 활동하며, 몇몇 종은 밤에 등불에 모인다.

4발마디

불개미붙이. 앞가슴등판은 원통형으로 딱지날개 폭보다 좁다.

무당벌레 무리   딱정벌레목 무당벌레과

몸은 등 쪽이 볼록한 반구형이나 타원형이며, 다리는 짧고, 오므릴 때 몸에 달라붙는다.
앞가슴등판 앞가장자리가 직선이고, 복판 1마디에 굽은 밑마디선이 있다.

우리나라 무당벌레과에는 적어도 74종이 있다고 알려지며, 개체수가 많아 공원,
마을 주변, 논밭, 냇가, 숲 가장자리에서 쉽게 볼 수 있다.

몸은 대개 등 쪽이 볼록한 반구형이나 타원형이며, 색깔이 화려하거나 딱지날개
에 무늬가 있는 종이 많다. 머리는 작고, 대부분 앞가슴에 가려져 있다. 입틀은 갉아
먹는 형으로 큰턱이 강하다. 더듬이는 짧고, 주로 11마디이나 종에 따라 8~10마디도
있으며, 더듬이 끝 3마디는 부풀었다. 다리는 짧고 오므릴 때는 몸에 달라붙는다.
앞다리와 뒷다리 밑마디는 옆으로 길고 서로 떨어졌다. 발마디는 4마디이며 셋째마
디가 매우 짧다. 무당벌레붙이과와 여러 특징이 같으나, 앞가슴등판의 앞가장자리
가 직선이고, 복판 1마디에 굽은 밑마디선이 있어 구별된다.

주로 무리지어 겨울을 난 어른벌레가 봄에 다시 출현해 포식 및 산란한다. 애벌
레가 4번 탈피 과정을 거쳐 어른벌레가 되면, 여름잠을 잔 뒤 가을에 다시 등장해
포식, 번식, 산란을 하는 한살이를 되풀이한다. 날개돋이 직후 딱지날개는 무늬 없
는 노란색이었다가 시간이 흘러 몸이 굳으면 특징적인 경계색 및 무늬가 나타난다.

어른벌레는 보통 육식성으로 주로 진딧물을 먹고, 그 외 깍지벌레, 응애 등도 잡
아먹는다. 몇몇 종은 감자나 가지의 잎을 갉아 먹는 식식성이다. 애벌레도 어른벌레
와 식성이 비슷하지만 모양은 종별로 매우 다르다. 어른벌레는 공격을 받으면 다리
마디에서 냄새가 좋지 않은 노란색 독성 액체를 내놓는다. 낮에 활발하며, 몇몇 종
은 밤에 등불에도 잘 모인다.

날개돋이 직후에는 딱지날개에 경계색과 무늬가
나타나지 않는다.

어느 정도 지난 뒤에는 딱지날개에 경계색과 무늬가
나타난다.

진딧물류(초록색)

진딧물류 사냥

겨울나기. 산지촌 비닐하우스의 보온 천을 들추고 촬영했다.

가뢰 무리 딱정벌레목 가뢰과

발톱 2개 중 하나가 가늘다.

우리나라 가뢰과에는 19종이 있으며, 주로 봄에 산지에서 보인다.

몸은 대개 길쭉하고, 연약한 편이며, 몸 색깔은 흑청색, 청록색, 노란색 등으로 다양하다. 머리는 크고 편평하며, 위에서 보면 각이 졌다. 입은 씹기에 알맞게 생겼다. 더듬이는 주로 11마디이고, 실 모양, 염주 모양, 톱니 모양 등 여러 가지이며, 수컷 중에는 그 모양이 비대칭인 것도 있다. 앞가슴등판은 원통형으로 좁다. 딱지날개가 짧아 배가 드러나는 종도 있다. 앞다리와 가운뎃다리의 발마디는 5마디, 뒷다리의 발마디는 4마디다. 앞다리와 가운뎃다리의 밑마디는 크고 원뿔형이며 서로 연결되었다. 뒷다리 밑마디는 옆으로 길고 크게 튀어나왔으며, 발톱은 2개로 나뉘었는데 한쪽이 가늘어서 여러 특징이 같은 뿔벌레과와 구별된다.

어른벌레는 지표면이나 나뭇잎, 꽃에서 보이며 꽃이나 나뭇잎을 먹는 초식성이다. 애벌레시기에 메뚜기 알, 벌 애벌레를 먹는 등 육식성인 종도 있다. 공격이나 위협을 당하면, 관절에서 노란색 액체인 칸타리딘(cantharidin)을 내뿜는데, 피부에 닿으면 물집이 잡힐 정도로 독성이 강하다. 낮에 활동하며, 밤에 등불에는 모이지 않는다.

분비된 칸타리딘

칸타리딘

거저리 무리 딱정벌레목 거저리과

겹눈이 튀어나오지 않았고, 겹눈 가장자리가 움푹 파였다.

우리나라 거저리과에는 적어도 129종이 있다고 알려지며, 산지, 계곡 가, 냇가 모래밭, 곡식 창고 등에서 보인다.

몸은 장방형 또는 타원형으로 대개 검은색, 흑갈색 등 어두운 색이다. 머리는 대부분 타원형으로 점각이 있거나 주름졌으며, 뿔이 있는 종도 있다. 더듬이는 11마디로 부푼 뺨 아래쪽으로 끼워졌으며, 실 모양, 염주 모양 등 모양이 여러 가지다. 겹눈은 주로 콩팥 모양이다. 배는 5마디이고, 첫 번째 복판은 뚜렷이 구분되며, 앞쪽의 3마디는 약간 달라붙었고, 4, 5마디는 움직일 수 있다. 딱지날개는 대부분 배마디를 덮으며, 점각으로 된 줄이 9, 10줄 있다. 대체로 앞다리와 가운뎃다리의 발마디는 5마디이고, 뒷다리의 발마디는 4개이며, 발톱은 모양이 단순하다. 앞다리와 가운뎃다리의 밑마디는 둥글고, 뒷다리 밑마디는 옆으로 길다. 썩덩벌레붙이과와 여러 특징이 같지만, 겹눈이 튀어나오지 않고, 겹눈 가장자리가 움푹 파여 구별된다.

어른벌레와 애벌레는 밝은 곳보다는 어두운 곳을 좋아하므로 주로 지표면이나 나무에서 보이고, 잎, 씨앗, 목질, 죽은 곤충, 곰팡이류 등 다양한 것을 먹는 잡식성이다. 대개 어른벌레로 겨울을 나며, 6개월에서 2년을 살아 다른 곤충보다 수명이 긴 편이다. 밤에 활동하는 종이 많으며, 몇몇 종은 밤에 등불에도 잘 모인다.

겹눈 가장자리가 움푹 파였다.

거저리과의 특징

하늘소 무리 딱정벌레목 하늘소과

더듬이가 몸길이의 1/2 이상이고, 겹눈이 콩팥 모양이다.

우리나라 하늘소과에는 적어도 336종이 있다고 알려지며, 풀밭, 냇가, 논밭, 산지에서 보인다.

몸은 길쭉한 원통형으로 앞가슴과 머리는 딱지날개보다 좁으며, 크기와 몸 색깔은 다양하다. 머리는 앞가슴등판보다 크거나 작고, 겹눈은 대개 콩팥 모양으로 크다. 큰턱은 대부분 부드럽게 굽었으며, 그 끝이 날카롭다. 더듬이는 매우 길어 몸길이의 1/2 이상 되며, 3배에 이르는 종도 있다. 대체로 더듬이는 11, 12마디이며, 몸의 뒤쪽을 향해 꺾을 수 있다. 주로 실이나 채찍 모양이고, 일부 수컷은 톱니나 빗살 모양인 것도 있다. 앞가슴등판 옆가장자리와 경계가 뚜렷하지 않으며, 가장자리에 가시가 있는 경우도 있다. 딱지날개는 배를 거의 덮고 양옆이 볼록하거나 뒤가 좁은 편이며, 막질인 뒷날개는 크다. 다리는 비교적 크고 튼튼한 편이다. 앞다리는 가운뎃다리보다 긴 것이 보통이다. 잎벌레과와 여러 특징이 비슷하지만, 더듬이가 몸길이의 1/2 이상 되고, 겹눈이 콩팥 모양이어서 구별된다.

어른벌레는 나무진이나 꽃가루를 먹고, 애벌레는 산 나무나 죽은 나무, 풀줄기 등을 먹는다. 암컷은 대개 먹이식물에 상처를 내어 그곳에 산란관을 꽂고 알을 1개씩 낳는다. 알에서 부화한 애벌레는 큰턱으로 먹이식물 속을 갉아 먹는다. 대부분 앞가슴과 가운뎃가슴을 마찰시켜 마찰음을 내는 습성이 있다. 낮에 활동하는 종류가 많으며, 몇몇 종은 밤에 등불에 잘 모인다.

대개 더듬이 길이는 몸길이의 1/2 이상 된다.

겹눈이 콩팥 모양이다.

하늘소과의 특징

잎벌레 무리 딱정벌레목 잎벌레과

몸은 대개 반구형 또는 장타원형이며, 더듬이는 대부분 몸길이의 1/2보다 작고, 앞다리
의 밑마디가 옆으로 퍼지지 않는다.

우리나라 잎벌레과에는 370여 종이 있으며, 개체수도 많아 논밭, 냇가, 공원, 숲
가장자리의 풀이나 나뭇잎에서 많이 보인다.

몸은 대개 반구형 또는 장타원형이며, 크기는 작은 편이다. 머리가 앞으로 튀어나
온 종도 있고, 앞가슴 속으로 들어간 종도 있는 등 모양이 다양하다. 더듬이는 대체
로 몸길이의 1/2보다 작고, 9~11마디이며, 첫 번째 마디가 길다. 모양은 곤봉 모양,
사슴 모양, 톱니 모양 등이 있다. 딱지날개는 모양과 색상이 다양하며, 때로는 특징
적인 무늬가 있다. 배는 5마디이고 각 마디의 길이는 다르다. 다리의 경우 일부 종
은 뒷다리의 넓적마디가 크고 어떤 종은 뛰기에 적합하게 생겼다. 각 다리의 발마
디는 4마디가 매우 작고, 3마디에 가려졌지만 모두 5마디로 되었다. 둥근가시벌레
과와 여러 특징이 비슷하지만, 앞다리의 밑마디가 옆으로 퍼지지 않아 구별된다.

어른벌레는 주로 잎이나 꽃에서 보이며, 애벌레는 무리지어 잎이나 뿌리를 먹는
다. 대부분 낮에 활동하며, 일부 종은 밤에 등불에 모인다.

더듬이 길이는
몸길이의 1/2보다 작다.

3발마디

5발마디

잎벌레과의 특징

거위벌레 무리 딱정벌레목 거위벌레과

대개 머리가 작고 뒤쪽이 길게 늘어났다. 종아리마디에 가시 모양 돌기가 있다.

우리나라 거위벌레과에는 거위벌레과, 주둥이거위벌레과가 있으며, 각각 33종, 42종이 있는 것으로 알려진다. 주둥이거위벌레과는 크기가 작고, 무늬가 뚜렷하지 않은 종이 많아 거위벌레과에 비해 사진으로는 종을 구별하기가 무척 어렵다.

대개 머리가 작고, 머리 뒤쪽이 길게 늘어나 거위를 닮았다. 몸 색깔은 흑청색, 황록색, 붉은색 등 다양하며 주로 광택이 난다. 주둥이 양 가장자리에는 더듬이의 경절마디에 알맞은 홈이 있다. 더듬이는 11마디로 채찍형이며, 끝 3마디가 굵어져 곤봉 모양이다. 앞가슴등판은 대부분 원통형으로 딱지날개보다 작고, 앞부분이 뒷부분보다 매우 좁다. 딱지날개는 대체로 사각형이며, 무늬나 돌기가 있기도 하다. 작은턱수염은 4마디이고, 앞다리 밑마디가 원추형으로 강하게 튀어나와 비슷한 과와 구별된다. 그리고 거위벌레과는 암수 모두 종아리 마디에 가시 모양 돌기가 있어 그렇지 않은 주둥이거위벌레과와 구별된다.

어른벌레와 애벌레는 모두 나뭇잎을 먹는 식식성으로 대개 산지나 숲 가장자리에서 보인다. 특히 대부분이 나뭇잎을 돌돌 말아 그 속에 알을 낳는 습성이 있어 여름에 산에 가면, 거위벌레과의 종이 말아 놓은 나뭇잎 뭉치가 나뭇가지에 매달려 있거나 땅바닥에 떨어져 있는 것을 많이 보게 된다. 주로 낮에 활동하나 몇몇 종은 밤에 등불에도 모인다.

머리 뒤쪽이 늘어났다.

종아리마디

가시모양 돌기

거위벌레과의 특징

바구미 무리 딱정벌레목 바구미과

주둥이가 길게 앞으로 뻗었고, 끝부분에 휜 더듬이가 달려 있다.

우리나라 바구미과에는 적어도 402종이 있다고 알려지며, 산지, 계곡 가, 냇가, 논밭, 곡식 창고 등에서 보인다. 크기가 작고, 무늬가 뚜렷하지 않은 종은 사진으로는 구별하기 어렵다.

몸은 대개 타원형 또는 긴 원통형이며 매우 딱딱하다. 주둥이는 대부분 앞으로 뻗었고, 휜 더듬이가 달려 있다. 딱지날개는 울퉁불퉁하거나 작은 털이 있으며, 대체로 뒷날개가 퇴화해 날지 못한다. 다리는 짧고 대개 굽었다. 주둥이 생김새는 다양하지만 산란공을 뚫는 기능이 있어 거위벌레과와 구별된다.

어른벌레와 애벌레는 다양한 식물질을 먹으며, 일부는 버섯의 균사나 부식질을 먹는다. 어른벌레는 식물체의 엽록소 부분과 꽃가루, 과일을 먹으며, 애벌레는 잎이나 줄기의 속, 과일, 씨앗을 파먹는다. 밤에 활동하는 종이 많으며, 몇몇 종은 밤에 등불에도 잘 모인다.

주둥이는 알을 넣기 위해 먹이식물에 산란공을 뚫을 정도로 강하다.

바구미과의 특징

다리가 대개 굽었다.

기타 딱정벌레 무리

우리나라에는 3,700종에 가까운 딱정벌레과 종이 있다. 이들 모두 몸이 단단하다. 그리고 대부분 막질로 된 뒷날개가 딱딱한 앞날개 안쪽에 접혀 있으며, 앞날개를 곧추세운 뒤 뒷날개를 내밀어 비행하는 공통된 특징이 있다. 앞서 무리로 나누었던 구분은 분류학적으로 대개 과(科, family) 단위였는데, 포함되는 종이 적어 별도의 무리로 다루지 못한 과가 있다. 여기에서는 개체수가 많아 낮에 흔히 볼 수 있거나, 특징이 뚜렷한 종을 다루었다.

딱지날개(앞날개)　　가슴

뒷날개　　배

비행 준비(물방개과)

잎벌 무리 벌목 잎벌과

몸은 원통형이며 가슴과 배 사이가 잘록하지 않다. 더듬이는 5~10마디다.

우리나라 잎벌과에는 적어도 222종 이상이 있다고 알려지며, 꽃이 핀 논밭, 냇가, 산길 등에서 많이 보인다. 특징적인 무늬가 없거나 비슷한 종이 많아 사진으로는 종을 구별하기 어렵다.

몸은 원통형이며, 길이는 2.5~15㎜까지 다양하다. 머리는 대개 앞가슴등판 폭과 비슷할 정도로 크며, 겹눈이 발달했다. 더듬이는 5~10마디이고, 대체로 실 모양이나 곤봉 모양이다. 앞가슴등판은 짧은 편이며, 뒷가두리는 활 모양으로 휘었다. 가슴과 배 사이가 잘록하지 않다. 앞다리 종아리마디에는 보통 며느리발톱이 2개 있으며, 보통 며느리발톱 한쪽은 끝부분이 갈라졌다. 날개는 막질로 앞날개가 뒷날개보다 크다. 암컷의 산란관은 톱 형태로 기주식물의 조직을 뚫고 산란하는 데 적합하게 생겼다. 솔잎벌과와 여러 가지 특징이 비슷한데, 더듬이가 5~10마디여서 13마디 이상인 솔잎벌과와 구별된다.

잎벌과가 포함된 벌목 곤충은 알-애벌레-번데기-어른벌레 단계를 거치는 갖춤탈바꿈을 한다. 어른벌레는 꽃에 잘 모이며, 일부 종은 작은 곤충을 포식하기도 한다. 애벌레는 나비목 애벌레와 닮았으며, 모두 잎 조직을 먹는 식식성이다. 낮에 활동하며, 밤에 등불에는 거의 모이지 않는다.

더듬이가 5~10마디여서
13마디 이상인 솔잎벌과와 구별된다.

잎벌과 특징

말벌 무리 벌목 말벌과

앞날개 1중실이 날개 전체 길이의 1/2보다 길다.

우리나라 말벌과에는 적어도 80종 이상이 있다고 알려지며, 호리병벌아과, 쌍살벌아과 등이 포함된다. 이 중 호리병벌아과는 단독으로 생활하며 진흙으로 집을 짓는다. 쌍살벌아과나 말벌아과는 사회성 곤충으로 군집생활을 하며, 들판에서부터 산지까지 많은 곳에서 보인다.

몸은 원통형이며, 크기는 약 10~50㎜ 내외까지 다양하다. 머리는 대개 앞가슴등판 폭과 비슷할 정도로 크며, 겹눈이 발달했다. 큰턱이 강하다. 앞가슴등판은 어깨판 뒤쪽까지 뻗었으며, 위쪽에서 보면 말굽 모양, 옆에서 보면 삼각형으로 보인다. 배마디는 뚜렷하고, 무늬에 특징이 있는 경우가 많다. 앉았을 때 날개가 배 위쪽으로 길게 접히며, 대체로 앞날개의 첫 번째 중실이 날개 길이의 1/2보다 길어 다른 과와 구별된다.

어른벌레는 꿀이나 수액을 먹는 등 식식성이지만 애벌레에게 먹이를 주기 위해 작은 곤충이나 나비목 애벌레 등을 사냥하기도 한다. 낮에 활동하나 몇몇 종은 밤에 등불에도 잘 모인다.

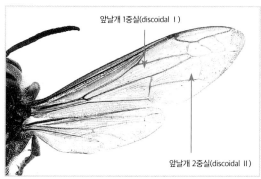

앞날개 1중실(discoidal Ⅰ)

앞날개 2중실(discoidal Ⅱ)

말벌과의 특징

꿀벌 무리 벌목 꿀벌과

뒷다리 발마디의 1마디(밑발마디)가 나머지 마디를 합친 것만큼 길다.

우리나라 꿀벌과에는 적어도 71종 이상이 있다고 알려지며, 알락꽃벌류, 뒤영벌류, 줄벌류 등이 포함되며, 모두 꽃에서 보인다.

몸은 대체로 짧고, 뚱뚱한 편이며, 검은색 바탕에 배마디에 노란색 테가 있는 경우가 많다. 머리는 대개 앞가슴등판 폭과 비슷할 정도로 크며, 혀가 발달했다. 입틀은 씹어 먹기에 알맞다. 턱수염은 1마디이고, 아랫입술수염은 4마디다. 더듬이는 곧다. 앞날개에 좁고 긴 전연실과 중실 3개 및 아중실이 있다. 다리는 굵고 앞다리와 가운뎃다리의 종아리마디에 며느리발톱이 1개씩 있다. 뒷다리의 종아리마디에 꽃가루 수정장치가 있다. 구멍벌과와 여러 특징이 같으나, 뒷다리 발마디의 1마디(밑발마디)가 나머지 마디를 합친 것만큼 길기 때문에 구별된다.

꿀벌과의 종은 사회성 곤충으로 매우 다양한 생태적 특성이 있다. 어른벌레는 대개 꽃가루를 매개하는 주요한 곤충으로 꽃 꿀을 먹는다. 낮에 활동하며, 밤에 등불에는 거의 모이지 않는다.

꿀벌과의 날개

꿀벌과의 특징

뒷다리 종아리마디
(hind tibia)

뒷다리의 밑발마디
(1발마디, hind basitarsus)

기타 벌 무리

우리나라 벌목에는 2,800여 종이 있으며, 많은 종이 크기가 작고 뚜렷한 무늬가 없어 종을 구별하기 어렵다. 또한 뚜렷한 특징이 있더라도 유사종이 많아 사진으로 종을 구별하기 어렵다. 여기에서는 앞서 다루지 못한 과 중 낮에 자주 보이거나 특징이 뚜렷해 알아볼 수 있는 종을 다루었다.

두색맵시벌(맵시벌과)

왜청벌(청벌과)

밑들이 무리 밑들이목 밑들이과

발마디 끝에 발톱이 2개 있고, 수컷 꼬리 끝에 전갈 꼬리 모양 같은 외부생식기가 있다.

우리나라 밑들이과에는 적어도 9종 이상이 있다고 알려지며, 다수의 한국미기록종이 있고, 관련 정보가 혼재되어 분류학적 정리가 필요하다.

몸은 중형으로 가늘고 길며, 연약하다. 대개 머리는 가슴 폭보다 작으며, 양 가장자리에 겹눈이 튀어나왔다. 입은 긴 부리 모양이며, 아래쪽으로 길게 뻗은 주둥이 끝에 씹어 먹기에 알맞은 입틀이 있다. 더듬이는 여러 마디이고 긴 채찍 모양이다. 날개는 막질로 가늘고 길며, 대체로 무늬가 있다. 쉴 때는 날개를 몸 위에 지붕모양으로 접는다. 수컷은 꼬리 끝에 전갈 꼬리 모양 같은 외부생식기가 튀어나왔으며 대부분 꼬리를 위쪽으로 치켜들고 있다. 각다귀붙이과와 여러 특징이 같으나, 다리의 발마디 끝에 발톱이 2개 있고, 수컷은 꼬리 끝에 전갈 꼬리 모양 외부생식기가 있어 구별된다. 밑들이과의 종은 갖춤탈바꿈을 하며, 어른벌레는 작은 곤충을 잡아먹거나 죽은 곤충의 체액 등을 먹는다. 애벌레는 습한 땅속이나 땅 표면에서 활동하며, 죽은 벌레 등을 먹는다. 애벌레는 나비목의 애벌레와 닮았다. 번데기로 겨울을 난다. 산길 주변이나 숲 가장자리 풀밭 또는 잡목림에서 많이 보인다. 낮에 활동하며, 밤에 등불에는 거의 모이지 않는다.

더듬이는 긴 채찍 모양이다.

입은 긴 부리 모양으로 아래쪽으로 길게 뻗었다.

밑들이목의 특징

수컷 꼬리 끝에 전갈 꼬리 모양 같은 외부생식기가 있다.

각다귀 무리 파리목 각다귀과

가슴등판에 'V'자 모양 봉합선이 있다.

우리나라 각다귀과에는 적어도 63종 이상이 있다고 알려지며, 냇가, 농수로, 저수지, 습지 등에서 많이 보인다. 특징적인 무늬가 없거나 유사종이 많아 사진으로 종을 구별하기 어렵다.

몸은 대개 황갈색, 회색, 흑갈색이고, 크기는 10~35㎜로 큰 편이다. 모기와 닮았으나, 입틀이 핥아 먹기에 적합하게 생겼으며, 짧은 부리 모양이다. 일부 종은 입이 퇴화했다. 겹눈은 크나 홑눈은 없다. 작은턱수염의 끝 마디가 길다. 더듬이는 대체로 13마디다. 가슴은 등 쪽이 약간 둥글고, 종종 무늬가 있다. 배는 원통형으로 가늘고 길다. 다리는 가늘고 약하며, 매우 길다. 날개는 1쌍으로 막질이며, 일부 종은 무늬가 있다. 파리목의 공통된 특징이지만, 뒷날개가 퇴화해 곤봉 모양 돌기(평균곤)로 변형되었다. 깔따구과와 여러 특징이 비슷하나, 가슴등판에 'V'자 모양 봉합선이 있어 구별된다.

파리목에 속한 모든 종은 알-애벌레-번데기-어른벌레 단계를 거치는 갖춤탈바꿈을 한다. 각다귀과의 어른벌레는 대부분 10~15일 살며, 식물 즙이나 꽃가루 등을 핥아 먹는다. 애벌레는 원통형으로 유기물이 많은 물속에 살며, 조류, 미생물, 썩은 식물질 등을 먹는다. 낮에는 풀 같은 것에 매달려 쉬고, 저녁 무렵에 활동한다. 많은 종이 밤에 등불에 모인다.

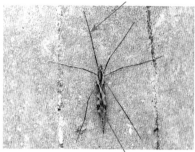

다리가 가늘고 매우 길며 약하다.

파리목의 일반적 특징

날개는 1쌍으로 막질이며, 쉴 때 배 위로 접는다.

평균곤

각다귀과의 특징

가슴등판의 'V'자 모양 봉합선

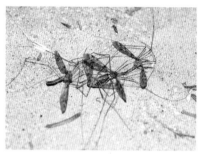

해질녘이나 밤에 여러 마리가 모여 짝짓기한다.

작은 냇물의 축축한 곳에 1개씩 산란한다.

에조각다귀. 몇몇 종은 축축한 나무구멍에 산란한다.

몇몇 종은 꿀을 빤다.

등에 무리 파리목 등에과

가슴이 편평하고 방패판이 거의 등판 전체를 차지하며, 그 뒤에 반달형 작은방패판이 있다. 날개에 중실과 경맥이 발달한다.

우리나라 등에과에는 적어도 52종 이상이 있다고 알려지며, 냇가, 논밭, 공원, 마을 주변, 계곡 및 숲 가장자리에서 볼 수 있다. 특징적인 무늬가 없거나 비슷한 종이 많은 경우 사진으로는 종을 구별하기 어렵다.

몸은 대개 회색, 황갈색이고, 크기는 10~15㎜로 보통 크기이나 30㎜ 내외로 큰 종도 있다. 머리는 반구형이며 겹눈이 크다. 대체로 양쪽 겹눈이 맞붙은 것이 수컷이고 떨어진 것이 암컷이다. 더듬이는 대부분 3마디다. 입틀은 꿀이나 동물의 피를 핥아 먹기에 알맞게 생겼다. 가슴은 편평하고 등판은 방패판이 거의 전체를 차지하며, 그 뒤에 반달형 작은방패판이 있다. 날개맥은 복잡하며, 주로 막질이고, 특징적인 무늬가 있는 경우도 있다. 다리는 몸에 비해 짧고 약한 편이며, 센털이나 털이 없는 종이 많다. 배는 납작하고 크며, 대부분 7마디로 뚜렷하게 구분된다. 곱추등에과와 여러 특징이 비슷하나, 가슴 위쪽이 굽지 않았고, 날개에 중실과 경맥이 있어서 구별된다.

어른벌레는 주로 꿀이나 나무진을 핥아 먹으나 일부 종은 동물의 피부를 찢어 흘러나오는 피를 핥아 먹기도 한다. 암컷은 대개 알을 습한 땅과 물 위에 낳는다. 애벌레는 4~9회 탈피하며, 번데기가 되기까지 수개월에서 1~2년 걸린다. 대부분 낮에 활발하나 일부 종은 밤에 등불에도 모인다.

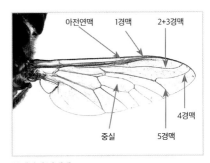

아전연맥　1경맥　2+3경맥

4경맥

중실　5경맥

등에과의 날개맥

p.424~427

파리매 무리 **파리목 파리매과**

머리 정수리에 있는 홑눈 3개가 함몰되어 배열된다.

우리나라 파리매과에는 적어도 54종 이상이 있다고 알려지며, 개체수가 많아 냇가, 논밭, 공원, 마을 주변, 숲 가장자리에서 보인다. 특징적인 무늬가 없는 종은 사진으로 종을 구별하기 어렵다.

몸 색깔은 흑갈색, 회색, 주황색 등 다양하고, 몸은 30㎜ 내외로 크다. 머리는 가슴 폭 정도로 크며, 자유롭게 움직일 수 있다. 암수 모두 겹눈이 서로 떨어졌고, 홑눈 3개가 함몰된 형태로 배열된다. 주둥이는 짧고, 튼튼하며, 찔러서 체액을 빨아 먹기에 적합하게 생겼다. 더듬이는 짧고, 가시 모양 돌기가 있으며, 대개 5마디다. 가슴에 긴 강모가 있으며, 무늬가 있는 경우도 있다. 배는 대부분 원통형으로 끝부분으로 갈수록 뾰족해지며, 6, 7마디로 되었다. 일부 종은 배가 뚱뚱하다. 날개는 막질이며 날개맥이 비교적 발달했다. 다른 곤충을 잡기 쉽게 다리가 길고 강하며 가시가 많다. 좀파리매과와 여러 특징이 같으나, 머리 정수리에 있는 홑눈이 함몰된 형태로 배열된 것으로 구별할 수 있다.

어른벌레는 빠르게 날면서 다른 곤충을 잡아먹는 육식성으로, 맑고 더운 날 울창한 숲속보다는 풀밭에서 사냥한다. 애벌레는 대개 땅속에 살지만, 일부는 썩은 식물 속에 살며 유기물질을 먹는다. 낮에 활발하며, 밤에 등불에는 거의 모이지 않는다.

억센 다리로 먹이를 붙잡고 체액을 빤다.

벼과식물의 빈 줄기에 산란하는 것을 관찰했다.

꽃등에 무리 파리목 꽃등에과

앞날개 가운데부분에 위맥이 있다.

우리나라 꽃등에과에는 적어도 174종 이상이 있다고 알려지며, 냇가, 논밭, 공원, 마을 주변, 산길 등에서 보이고, 특히 꽃밭에 많다.

어른벌레는 노란색, 검은색, 주황색 등 색상과 무늬가 다양하다. 언뜻 보면 벌과 닮았지만 쏘지 않는다. 몸에는 대개 노란색 또는 황갈색 털이 촘촘히 있다. 머리는 가슴 폭 정도로 크며, 겹눈이 크다. 수컷 겹눈은 서로 떨어져 있고, 암컷 겹눈은 붙어 있다. 주둥이는 신축성이 있으며, 먹이를 녹여서 핥아 먹기에 적합하게 생겼다. 더듬이는 짧은 곤봉 모양이며, 보통 3마디로 긴 털이 있다. 배는 넓적하고, 특징적인 무늬가 있는 경우가 많다. 날개는 막질로 날개맥이 뚜렷하다. 다리는 약한 편이며, 대부분 뒷다리 넓적마디가 통통하고, 종아리마디는 약간 안쪽으로 휘었다. 앞날개 가운데부분에 위맥이 있어 집파리과를 비롯해 비슷한 과와 구별된다.

어른벌레는 대체로 꽃가루를 먹으며, 이런 먹이 습성 때문에 꽃가루받이에 매우 중요한 역할을 한다. 또한 당분이 많은 식물 즙을 핥아 먹기도 한다. 애벌레는 대부분 균식성 또는 식식성이나 일부 종은 진딧물류를 잡아 먹기도 한다. 낮에 활발하며, 밤에 등불에는 거의 모이지 않는다.

위맥(spurious vein)

꽃등에과의 특징

과실파리 무리 파리목 과실파리과

아전연맥 끝이 직각으로 굽는다.

우리나라 과실파리과에는 적어도 86종 이상이 있다고 알려지며, 논밭, 마을 주변, 산길, 숲 가장자리에서 보인다. 특히 과수원 주변에 많다.

어른벌레 크기는 3~10㎜이며, 날개 색과 무늬가 다양하다. 머리는 반구형으로 짧다. 머리 이마는 넓은 편이며, 대개 양 가장자리를 중심으로 센털이 줄지어 있다. 가슴등판은 앞쪽은 좁고, 뒤쪽으로 갈수록 약간 넓어지며, 센털과 줄무늬가 여러 줄 있다. 날개에는 노란색, 갈색, 검은색 무늬가 있다. 초파리과와 여러 특징이 같으나, 아전연맥 끝이 직각으로 굽어 구별된다.

어른벌레는 다양한 과즙을 빨아 먹으며, 애벌레는 과일이나 채소 등을 먹는다. 알은 꽃 봉우리나 잎, 줄기 속에 낳는다. 낮에 활발하며, 일부 종은 밤에 등불에도 종종 모인다.

아전연맥(subcostal vein) 끝부분이
직각으로 굽어 전연맥과 합쳐진다.

과실파리과의 특징

기생파리 무리 파리목 기생파리과

뒤쪽등판이 불룩하고, 날개 기부엽이 매우 크다.

우리나라 기생파리과에는 적어도 57종 이상이 있다고 알려지며, 논밭, 마을 주변, 산길, 숲 가장자리의 꽃핀 곳에서 많이 보인다.

어른벌레의 크기와 색상은 다양하며, 대개 온몸에 길고 뻣뻣한 털이 있다. 머리는 앞가슴 폭보다 크거나 비슷할 정도로 큰 편이다. 더듬이는 3마디로 짧으며, 3마디에 있는 긴 자모가 실 모양으로 매끈하다. 배에 무늬가 있는 경우가 많다. 날개는 막질로 무늬가 없다. 검정파리과와 여러 특징이 같으나, 작은방패판과 거의 겹친 뒤쪽등판이 불룩하고, 날개 기부엽이 매우 커서 구별된다.

어른벌레는 다양한 꽃의 꿀이나 진딧물의 배설물 등을 빨아 먹어서 꽃에서 많이 보인다. 암컷은 나비목 애벌레, 딱정벌레 애벌레 등 숙주 곤충의 피부나 체내에 산란해 번식하는 기생성이다. 애벌레가 번데기가 되었을 때 숙주는 죽게 된다. 낮에 활발하며, 일부 종은 밤에 등불에도 종종 모인다.

더듬이가 3마디이며, 자모는 대개 실 모양이다.

날개 기부엽(calypters)이 크다.

뒤쪽등판(postscutellum)이 불룩하게 튀어나왔다.

기생파리과의 특징

기타 파리 무리

    우리나라 파리목에는 1,400종에 가까운 종이 있다고 알려진다. 많은 종이 뚜렷한 무늬가 없거나 동정에 필요한 특징이 매우 작아 사진으로 종을 구별하기 어렵다. 여기에서는 앞서 다루지 못한 과 중 낮에 많이 보이거나 특징이 뚜렷해 비교적 쉽게 알아볼 수 있는 종을 다루었다.

나방파리(나방파리과)

장수깔따구(깔다구과)

장다리파리(장다리파리과)

좀파리(좀파리과)

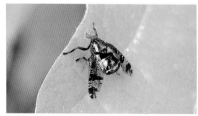

날개알락파리(알락파리과)

떠돌이쉬파리(쉬파리과)

날도래 무리 날도래목

날개에 비늘가루 대신 털이 있어 나비 무리와 구별된다.

우리나라 날도래과에는 적어도 86종 이상이 있다고 알려지며, 어른벌레는 냇가, 강가, 계곡 가 등 물가에서 보인다. 어른벌레는 대개 황갈색, 흑갈색이고, 무늬가 없어 사진으로 종을 구별하기 어렵다.

어른벌레는 더듬이가 채찍 모양으로 매우 길어 몸길이의 몇 배 정도 된다. 겹눈은 머리 양쪽으로 툭 튀어나왔다. 홑눈은 있거나 없다. 입틀은 주로 씹는형이지만 일부 종은 흡수형이다. 큰턱이 없으나, 대체로 작은턱수염과 아랫입술수염이 있다. 가슴마디들은 거의 같은 크기다. 날개는 2쌍이며 대부분 앞날개와 뒷날개의 생김새가 비슷하나, 앞날개가 뒷날개보다 길거나, 뒷날개가 앞날개보다 넓은 경우도 있다. 쉴 때는 날개를 배 위에 지붕처럼 포개어 놓는다. 배는 10마디로 되었다. 다리의 종아리마디에 가시가 있으며, 발마디는 5마디다. 나비목과 여러 특징이 비슷하나, 날개에 비늘가루 대신 털이 있어 구별된다.

날도래목은 갖춤탈바꿈을 하며 어른벌레는 보통 10~30일을 산다. 짝짓기를 마친 암컷은 물속의 돌이나 수초 등에 알을 300~1,000개 낳는다. 애벌레는 물속에서 집을 짓거나 자유생활을 하는 등 생활양식이 다양하다. 어른벌레는 낮에 물가에서 쉬고, 주로 해질녘에 활동한다. 등불에도 잘 모인다.

둥근날개날도래. 나방과 닮았으나 더듬이가 매우 길고 날개에 털이 있다.

나방 무리 나비목

더듬이가 대개 실 모양, 빗살 모양이다.

나비목은 주둥이가 코일 모양으로 말렸으며, 앞날개와 뒷날개의 날개맥이 다르고, 날개와 몸이 센털이 납작하게 변형된 비늘가루로 덮인 것이 특징이다. 나비목을 나방류와 나비류로 나누는 경우가 많지만 분류학적인 구분은 아니다.

나방과 나비를 구분하는 특징 중 하나는 더듬이 모양이다. 나방은 더듬이가 실 모양이나 빗살 모양으로, 끝이 뭉툭한 모양인 나비와 구별된다.

우리나라에는 3,450종에 가까운 나방이 있으며, 대체로 해질녘이나 밤에 활동하지만, 한낮에 꽃에 모이거나 산길 주변을 날아다니는 종도 많다. 그리고 강가나 수변공원에서 쉬는 나방도 많다.

띠넓은가지나방

애기얼룩나방

네눈박이산누에나방

작은검은꼬리박각시

나방 더듬이

낮에 꽃을 찾아오는 나방

나방과 나비는 크게 보면 습성이 같다. 밤에 꽃을 찾아가면 나비가 아니라 나방이 꿀을 빠는 것을 많이 볼 수 있다. 그리고 낮에 꽃을 찾는 나방도 생각보다 많다.

목화바둑명나방

뿔나비나방

노랑애기나방

낮에 날아다니는 나방

한낮에 산길 주변에서 천천히 날아다니거나, 밤에 등불에 모이지 않고, 해질녘에만 활동하는 나방도 있다.

산딸기유리나방

흑띠잠자리가지나방

뒤흰띠알락나방

냇가 풀밭 및 논밭에서 만나는 나방

냇가 산책길이나 시골 들녘을 걷다 보면, 풀잎이나 나뭇잎에 착 달라붙어 있는 나방을 볼 수 있다. 그늘진 곳에도 의외로 다양한 나방이 앉아 있다.

쑥애기잎말이나방

붉은꼬마꼭지나방

복숭아명나방

숲 가장자리에서 만나는 나방

휴양림 같은 산속 휴게시설, 시골 가로등 밑에는 밤에 등불을 찾아왔다가 미처 날아가지 못한 나방이 있다. 또 오솔길을 천천히 걷다 보면, 주변 나뭇잎에 앉아 있는 나방을 볼 수 있다.

왕갈고리나방

노랑띠알락가지나방

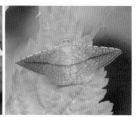

창나방

나비 무리 나비목

더듬이 끝이 뭉툭하다.

우리나라에는 북한 분포종을 포함해 적어도 280종 이상의 나비가 있는 것으로 알려진다. 도시, 물가, 마을 뒷산 등에서 이른 봄부터 늦가을까지 볼 수 있지만, 한 장소나 한 계절에 모두 만날 수는 없다. 도시 공원에 조성된 꽃밭이나 시골에서 볼 수 있는 나비들은 나타나는 시기나 습성을 알면 더 쉽게 이름을 알 수 있다. 나비는 나방과 달리 더듬이 끝이 뭉툭한 곤봉 모양이다.

| 흰나비과 | 호랑나비과 | 부전나비과 | 네발나비과 | 팔랑나비과 |

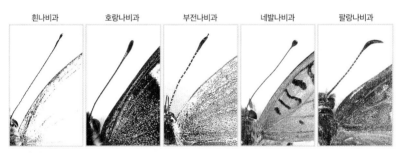

나비 더듬이

공원이나 들판에서 만나는 나비

도심 공원, 물가 등에서도 나비를 많이 볼 수 있다. 시골과 도시 가릴 것 없이 어디에서나 볼 수 있는 나비다.

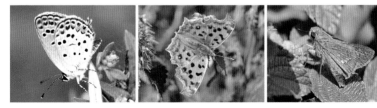

먹부전나비   네발나비   줄점팔랑나비

시골 마을 및 숲 가장자리에서 만나는 나비

한적한 시골 마을길로 접어들면, 꽃핀 식물이나 과실수 주변을 날아다니는 나비들이 보인다. 마을을 감싼 숲의 가장자리에도 나비가 많다.

큰줄흰나비

애기세줄나비

황오색나비

생김새를 비교하며
곤충 구별하기

곤충은 무리마다 공통된 특징이 있습니다.

무리와 무리를 구별할 때는 앞장 '곤충 무리별 특징 알아보기'를

살피면 됩니다.

같은 무리 안에서 종을 구별할 때는 생김새를 비교합니다.

화살표로 포인트만 '탁탁' 짚은 이 장에서 각 종의 특징을 비교해 보세요.

검은물잠자리

몸길이: 60~62㎜ / 나타나는 때: 5~9월 / 겨울나기: 애벌레 / 알 낳기: 수생
식물 조직 내 단독산란 / 보이는 곳: 2급수 이상의 냇물

수컷

날개가 긴 타원형으로 각이 졌다.

배에는 금속성 광택이 있다.

암컷

배는 흑갈색이다.

물잠자리

몸길이: 55~57㎜ / 나타나는 때: 5월 초~9월 / 겨울나기: 애벌레 / 알 낳기:
수생식물 조직 내 단독산란 / 보이는 곳: 1급수의 맑은 냇물

수컷

날개가 타원형으로
둥그스름하다.

배에는 금속성 광택이 있다.

암컷

연문이 흰색이다.

아시아실잠자리

몸길이: 24~30㎜ / 나타나는 때: 4~10월 / 겨울나기: 애벌레 / 알 낳기: 수생식물 조직 내 단독산란 / 보이는 곳: 전국 냇가, 연못, 습지, 논 주변

수컷

북방아시아실잠자리 수컷과 닮았으나, 9배마디가 푸른색이어서 구별된다.

암컷 미성숙

미성숙 개체는 붉은색이다.

암컷 성숙

성숙 개체는 녹색으로 바뀐다.

등검은실잠자리

몸길이: 28~32㎜ / 나타나는 때: 4~9월 / 겨울나기: 애벌레 / 알 낳기: 수생식물 조직 내 연결산란 / 보이는 곳: 전국 냇가, 연못 주변

수컷

8마디에 'V'자 모양 검은 무늬가 있다.

암컷

어깨의 줄무늬가 뒤쪽으로 나 있다.

성숙한 수컷은 가슴등판의 줄무늬가 보이지 않는다.

왕실잠자리

| 몸길이: 28~34mm / 나타나는 때: 5~9월 / 겨울나기: 애벌레 / 알 낳기: 수생 식물 조직 내 연결산란 / 보이는 곳: 전국 냇가, 연못 주변

수컷

8배마디에 'V'자 모양 검은 무늬가 있어
등검은실잠자리와 닮았으나,
가슴 무늬가 달라 구별된다.

참실잠자리

| 몸길이: 30~34mm / 나타나는 때: 5~9월 / 겨울나기: 애벌레 / 알 낳기: 수생 식물 조직 내 연결산란 / 보이는 곳: 냇가, 연못, 습지

수컷

암컷

2~7배마디에는 푸른색과 검은색이 번갈아 가며
무늬를 이루고, 8, 9배마디는 푸른색이다.

8, 9배마디에 둥근 푸른색 무늬가 있다.

등줄실잠자리

몸길이: 26~34㎜ / 나타나는 때: 5~9월 / 겨울나기: 애벌레 / 알 낳기: 식물 조직 내 연결산란 / 보이는 곳: 냇가, 연못, 습지

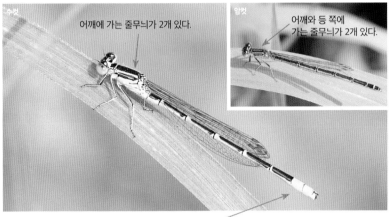

수컷

어깨에 가는 줄무늬가 2개 있다.

암컷

어깨와 등 쪽에 가는 줄무늬가 2개 있다.

8~10배마디가 푸른색이다.

방울실잠자리

몸길이: 34~38㎜ / 나타나는 때: 5~10월 / 겨울나기: 애벌레 / 알 낳기: 식물 조직 내 연결산란 / 보이는 곳: 전국의 냇가, 연못, 습지

수컷

암컷

어깨의 줄무늬가 2줄이어서 방패실잠자리와 구별된다.

가운뎃다리와 뒷다리의 종아리마디가 방울 모양으로 생겼다.

노란실잠자리

몸길이: 32~42mm / 나타나는 때: 6~9월 / 겨울나기: 애벌레 / 알 낳기: 식물 조직 내 연결산란 / 보이는 곳: 전국의 습지, 연못, 묵논 주변

수컷

수컷은 7~10배마디 윗면에 검은색 무늬가 있다.

성숙한 개체는 배가 노랗다.

연분홍실잠자리

몸길이: 36~38mm / 나타나는 때: 6~9월 / 겨울나기: 애벌레 / 알 낳기: 식물 조직 내 연결산란 / 보이는 곳: 습지, 연못 주변

수컷

전체적으로 붉다.

가는실잠자리

몸길이: 34~38mm / 나타나는 때: 1년 내내 / 겨울나기: 어른벌레 / 보이는 곳: 낮은 산의 풀숲(겨울나기), 습지, 연못 주변

겨울나기 후

5월

묵은실잠자리와 닮았으나, 가슴 옆면 무늬가 점무늬여서 구별된다.

묵은실잠자리

몸길이: 34~38mm / 나타나는 때: 1년 내내 / 겨울나기: 어른벌레 / 보이는 곳: 낮은 산의 풀숲(겨울나기), 습지, 연못 주변

겨울나기 후

가는실잠자리와 닮았으나,
가슴 옆면 무늬가
불규칙한 줄무늬여서 구별된다.

밀잠자리

몸길이: 48~54mm / 나타나는 때: 4~10월 / 겨울나기: 애벌레 / 알 낳기: 타수산란 / 보이는 곳: 전국 냇가, 연못, 습지 및 논 주변

수컷

1~6배마디가 회색이다.

가슴에 굵은 옆가슴선이 있다.

암컷

배의 등 쪽이 엷은 황갈색이다.

중간밀잠자리

몸길이: 40~43mm / 나타나는 때: 4~6월 / 겨울나기: 애벌레 / 알 낳기: 타수산란 / 보이는 곳: 습지, 묵논 주변

옆가슴에 굵은 흑갈색 줄무늬가 있다.

수컷

배 전체가 회색이다.

암컷

큰밀잠자리

몸길이: 51~53mm / 나타나는 때: 6~9월 / 겨울나기: 애벌레 / 알 낳기: 타수산란 / 보이는 곳: 냇가, 습지, 연못 및 논 주변

수컷

뒷날개 기부에 검은색 무늬가 있다.

배 8~10마디가 검다.

홀쭉밀잠자리

몸길이: 45~47mm / 나타나는 때: 6~8월 / 겨울나기: 애벌레 / 알 낳기: 타수산란 / 보이는 곳: 소규모 냇가, 농수로 주변

수컷

날개 끝에 엷은 깃동 무늬가 있다.

밀잠자리붙이

몸길이: 42~48㎜ / 나타나는 때: 5~9월 / 겨울나기: 애벌레 / 알 낳기: 타수
산란 / 보이는 곳: 연못, 습지, 저수지 주변

배가 회색이다.

검은 옆가슴선이 2줄 있다.

배치레잠자리

몸길이: 34~38㎜ / 나타나는 때: 4~9월 / 겨울나기: 애벌레 / 알 낳기: 타수
산란 / 보이는 곳: 연못, 습지, 논두렁 주변

수컷

몸 전체가 암회색이다.

암컷

배의 폭이 넓다.

배에 무늬가 있다.

고추잠자리

몸길이: 44~50mm / 나타나는 때: 5~9월 / 겨울나기: 애벌레 / 알 낳기: 타수산란 / 보이는 곳: 연못, 저수지, 습지, 냇물

수컷

날개 기부에 무늬가 있다.

성숙한 수컷은 전체가 붉은색이다.

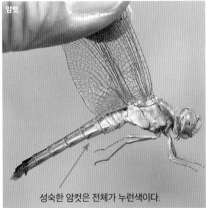

암컷

성숙한 암컷은 전체가 누런색이다.

날개띠좀잠자리

몸길이: 32~38mm / 나타나는 때: 7~11월 / 겨울나기: 알 / 알 낳기: 암수 연결 타수산란 / 보이는 곳: 냇가, 저수지, 습지, 농수로 주변

수컷

날개 끝부분에 흑갈색 띠무늬가 있다.

여름좀잠자리

몸길이: 36~42㎜ / 나타나는 때: 6~10월 / 겨울나기: 알 / 알 낳기: 암수 연결 타수산란 / 보이는 곳: 냇가, 저수지, 습지, 연못, 논 주변

수컷

성숙하면 얼굴도 붉은색으로 변한다.

고추좀잠자리에 비해 옆가슴선이 매우 굵다.

고추좀잠자리

몸길이: 38~44㎜ / 나타나는 때: 6~11월 / 겨울나기: 알 / 알 낳기: 암수 연결 타수산란 / 보이는 곳: 냇가, 저수지, 습지, 연못, 논, 숲 가장자리

암컷

배 옆면에 가는 줄무늬가 있다.

여름좀잠자리에 비해 옆가슴선이 가늘다.

두점박이좀잠자리 | 몸길이: 32~38mm / 나타나는 때: 6~11월 / 겨울나기: 알 / 알 낳기: 암수 연결 타수산란 / 보이는 곳: 연못, 습지, 농수로, 냇물

암컷

깃동 무늬가 있다.

수컷

이마에 검은 점이 2개 있다.

깃동 무늬가 없다.

깃동잠자리 | 몸길이: 42~48mm / 나타나는 때: 6~11월 / 겨울나기: 알 / 알 낳기: 암수 연결 공중산란 / 보이는 곳: 연못, 습지, 농수로, 저수지, 냇가, 숲 가장자리

수컷

깃동 무늬가 있다.

옆가슴선이 굵고 날개의 기부까지 이어졌다.

흰얼굴좀잠자리

몸길이: 34~37㎜ / 나타나는 때: 6~10월 / 겨울나기: 알 / 알 낳기: 암수 연결 타수산란 / 보이는 곳: 연못, 습지, 저수지 주변

수컷

노란색 등가슴선이 아래로 이어졌다.

앞날개 아래에 길쭉한 점무늬가 있다.

된장잠자리

몸길이: 37~42㎜ / 나타나는 때: 4~10월 / 겨울나기: 국내에서 겨울을 나지 못함(비래종) / 알 낳기: 암수 연결 타수산란 / 보이는 곳: 연못, 습지, 저수지, 냇가, 논, 숲 가장자리

전체적으로 연황색이고, 옆가슴선이 없다.

노란허리잠자리

몸길이: 40~46㎜ / 나타나는 때: 5~9월 / 겨울나기: 애벌레 / 알 낳기: 부유
식물에 단독산란 / 보이는 곳: 연못, 저수지 주변

미성숙 개체(날개돋이 직후)

미성숙 개체는 3, 4배마디가 모두 노란색이며, 성숙하면 수컷만 흰색으로 변한다.

나비잠자리

몸길이: 36~42㎜ / 나타나는 때: 6~9월 / 겨울나기: 애벌레 / 알 낳기: 암수 연
결 타수산란 / 보이는 곳: 연못, 습지, 저수지 주변

앞날개의 2/3와 뒷날개 전체가 검은색이다.

뒷날개의 폭이 매우 넓다.

산바퀴

몸길이: 11~15mm / 나타나는 때: 이른 봄~늦가을 / 겨울나기: 애벌레 / 먹이: 잡식성 / 보이는 곳: 숲 가장자리, 숲 바닥이나 낙엽층

앞가슴등판의 무늬가 굵고 콩팥 모양이다.

바퀴(독일바퀴)

몸길이: 10~16mm / 나타나는 때: 1년 내내 / 먹이: 잡식성 / 보이는 곳: 집 안, 집 주변

앞가슴등판의 무늬가 가늘고 실 모양이다.

사마귀

몸길이: 65~90㎜ / 나타나는 때: 4월(애벌레)~11월 초(어른벌레) / 겨울나기: 알(알집) / 먹이: 포식성(다양한 곤충) / 보이는 곳: 풀밭, 논밭, 숲 가장자리의 밝은 곳

앞가슴등판의 폭이 좁은 편이다.

사마귀는 앞다리 사이의 무늬가 진한 주황색이다.
왕사마귀는 연황색이다.

앞날개가 길쭉하고 폭이 좁다.

뒷날개의 폭이 넓다.

사마귀는 뒷날개 기부에 무늬가 없다.
왕사마귀는 무늬가 있다.

왕사마귀

몸길이: 70~95㎜ / 나타나는 때: 4월(애벌레)~11월 초(어른벌레) / 겨울나기: 알(알집) / 먹이: 포식성(다양한 곤충) / 보이는 곳: 풀밭, 논밭, 숲 가장자리의 밝은 곳

독색형

갈색형

앞가슴등판 폭이 넓다.

개체에 따라 녹색 또는 갈색이다. 유전적인 원인도 있지만, 기온, 습도, 먹이, 개체군 밀도 등 환경적인 영향도 있다. 또한 계절적 이유로 몸 색깔이 점차 변하기도 한다.

앞다리 사이의 무늬가 연황색이다.

앞다리 낫 모양이다.

앞날개

뒷날개 기부에 무늬가 있다.

뒷날개

좀사마귀

몸길이: 40~60mm / 나타나는 때: 5월(애벌레)~10월(어른벌레) / 겨울나기: 알(알집) / 먹이: 포식성(작은 곤충) / 보이는 곳: 풀밭, 논밭, 숲 가장자리의 어두운 곳

몸 크기가 작고,
불규칙한 점무늬가 흩어져 있다.

앞날개

뒷날개

뒷날개 전체에 무늬가 있다.

앞다리 종아리마디
안쪽 면에 희고
둥근 무늬가 있다.

항라사마귀

몸길이: 50~65㎜ / 나타나는 때: 5월(애벌레)~10월(어른벌레) / 겨울나기: 알(알집) / 먹이: 포식성(작은 곤충) / 보이는 곳: 냇가, 습지, 산지 풀밭

종아리마디(경절)

발마디
(발목마디, 부절)

넓적마디
(퇴절)

밑마디(기절)
안쪽에 무늬가 있다.

몸 빛깔은 연녹색 또는 연황색이다.

애기사마귀
(애기사마귀과)

몸길이: 25~36㎜ / 나타나는 때: 7월(애벌레)~11월 초(어른벌레) / 겨울나기: 알(알집) / 먹이: 포식성(작은 곤충) / 보이는 곳: 남해안 및 섬 지역의 숲 가장자리

겹눈에 소용돌이 무늬가 있다.

다리에 흑갈색 무늬가 있다.

암컷의 경우 날개 끝이 직선에 가깝다.

민집게벌레
(민집게벌레과)

몸길이: 20~22mm / 나타나는 때: 5~10월 / 생활양식: 야행성 / 먹이: 잡식성 / 보이는 곳: 바닷가 및 강가의 모래밭, 숲 가장자리

암컷

집게가 짧으며,
끝부분이 안으로 굽었다.

집게가 짧으며, 암컷에 비해 안으로 많이 굽었다.　　　　날개가 없다.

해변집게벌레
(민집게벌레과)

몸길이: 20~48mm / 나타나는 때: 5~9월 / 생활양식: 야행성 / 먹이: 육식성(갯강구, 갯지렁이, 죽은 물고기) / 보이는 곳: 바닷가의 바위 틈, 축축한 돌 아래

민집게벌레보다 크고 전체적으로 적갈색이다.

암컷

집게가 민집게벌레보다 매우 길다.　　　　앞가슴등판은 민집게벌레보다 크고 길다.

애흰수염집게벌레
(민집게벌레과) | 몸길이: 9~12㎜ / 나타나는 때: 5~11월 / 생활양식: 야행성 / 먹이: 포식성 / 보이는 곳: 숲 가장자리 및 나무껍질 속

더듬이의 마디 3개가 흰색이다.

다리의 기부가 검은색이다.

꼬마집게벌레
(꼬마집게벌레과) | 몸길이: 5~8mm / 나타나는 때: 5~8월 / 생활양식: 야행성 / 먹이: 잡식성 / 보이는 곳: 숲속 죽은 수피

머리와 날개는 검은색이다.

배 끝 마디와 집게가
선명한 적갈색이다.

큰집게벌레
(큰집게벌레과)

| 몸길이: 16~30mm / 나타나는 때: 3~10월 / 생활양식: 야행성 / 먹이: 포식성 / 보이는 곳: 강, 바다, 호수의 모래밭 및 갯벌 주변

앞날개 봉합선 부분이 붉은색이다.

배마디 끝에 작은 흑갈색 돌기가 있다.   집게 끝부분이 흑갈색이다.

좀집게벌레
(집게벌레과)

| 몸길이: 15~17mm / 나타나는 때: 6~11월 초 / 생활양식: 야행성 / 먹이: 포식성 / 보이는 곳: 숲 가장자리

수컷

앞날개(딱지날개) 끝부분에 노란색 무늬가 있다.

수컷의 집게 안쪽 가운데부분에 큰 돌기가 있다.

암컷

암컷의 집게 안쪽에는 큰 돌기가 없으며, 가늘고 길쭉하다.

못뽑이집게벌레
(집게벌레과)

몸길이: 20~36㎜ / 나타나는 때: 6~9월 / 생활양식: 야행성 / 먹이: 포식성 /
보이는 곳: 산지와 접한 들판, 숲 가장자리

수컷의 집게 기부가 넓적하다.

고마로브집게벌레
(집게벌레과)

몸길이: 15~22㎜ / 나타나는 때: 5~10월 / 생활양식: 주간 및 야간 활동성 /
먹이: 잡식성 / 보이는 곳: 숲 가장자리, 도시 공원

앞날개가 적갈색이다.

알락꼽등이

몸길이: 12~18㎜ (산란관 10~15㎜) / 나타나는 때: 1년 내내 / 겨울나기: 애벌레 또는 어른벌레 / 먹이: 잡식성 / 보이는 곳: 집, 창고, 바닷가의 어두운 곳

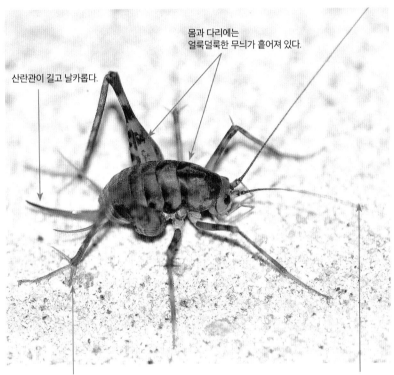

산란관이 길고 날카롭다.

몸과 다리에는
얼룩덜룩한 무늬가 흩어져 있다.

며느리발톱(가동가시, spur)이 발달한다.

더듬이가 매우 길다.

꼽등이

몸길이: 13~20mm (산란관 10~17mm) / 나타나는 때: 5~11월 / 겨울나기: 애벌레 / 먹이: 잡식성 / 보이는 곳: 집, 지하실, 야산, 동굴

몸은 광택이 나는 갈색이다.

산란관이 약간 위로 굽었다.

검정꼽등이

몸길이: 10~16mm (산란관 8~10mm) / 나타나는 때: 6~9월 / 겨울나기: 애벌레 / 먹이: 잡식성 / 보이는 곳: 산지 낙엽층, 동굴, 바위 틈

다리의 기부는 황갈색이다.

몸은 검은색이며 무늬가 없다.

줄베짱이

몸길이: 35~40mm / 나타나는 때: 7~11월 / 먹이: 식식성(꽃잎, 꽃가루, 잎사귀) / 알 낳기: 나무껍질 속, 나뭇잎 조직 속 / 겨울나기: 알 / 보이는 곳: 숲 가장자리, 산책로, 냇가, 논밭

녹색형

위에서 보면 뚜렷한 줄로 보인다.

날개맥이 서로 평행해 보인다.

산란관은 짧게 위로 구부러진 낫 모양이다.

갈색형

갈색형은 어두운 점열이 발달한다.

큰실베짱이

몸길이: 35~50mm / 나타나는 때: 7~11월 / 먹이: 식식성 / 알 낳기: 식물 줄기 속 / 겨울나기: 알 / 보이는 곳: 산지의 숲 가장자리

앞날개가 뒷날개보다 짧다.

횡맥이 발달해 바둑판처럼 보이며, 날개맥방에 검은 점이 있다.　　　　뒷날개가 앞날개보다 길다.

실베짱이

몸길이: 29~37mm / 나타나는 때: 6~11월 / 먹이: 식식성(꽃잎, 꽃가루, 잎사귀) / 알 낳기: 나무껍질 속, 나뭇잎 조직 속 / 겨울나기: 알 / 보이는 곳: 풀밭, 산책로, 냇가, 숲 가장자리

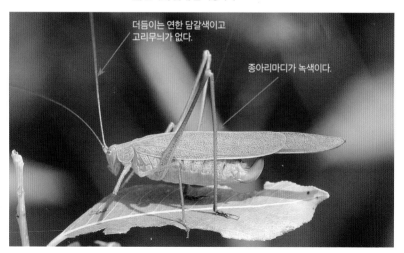

더듬이는 연한 담갈색이고
고리무늬가 없다.

종아리마디가 녹색이다.

검은다리실베짱이

몸길이: 29~36mm / 나타나는 때: 6~11월 / 먹이: 식식성(꽃가루, 잎사귀) / 알 낳기: 넓은 잎의 가장자리 / 겨울나기: 알 / 보이는 곳: 낮은 산지의 숲 가장자리, 산책로

더듬이는 검은색이고 흰색 고리무늬가 있다.

종아리마디는 검은색이다.

날베짱이

몸길이: 46~57mm / 나타나는 때: 7~10월 / 먹이: 잡식성 / 알 낳기: 가는 나무줄기 속 / 겨울나기: 알 / 보이는 곳: 숲 가장자리, 계곡

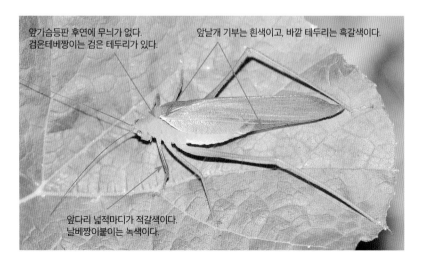

앞가슴등판 후연에 무늬가 없다.
검은테베짱이는 검은 테두리가 있다.

앞날개 기부는 흰색이고, 바깥 테두리는 흑갈색이다.

앞다리 넓적마디가 적갈색이다.
날베짱이붙이는 녹색이다.

베짱이

| 몸길이: 31~40mm / 나타나는 때: 7~10월 / 먹이: 육식성(작은 곤충) / 알 낳기: 나뭇가지 및 나뭇잎 속 / 겨울나기: 알 / 보이는 곳: 논밭, 낮은 산지의 풀밭

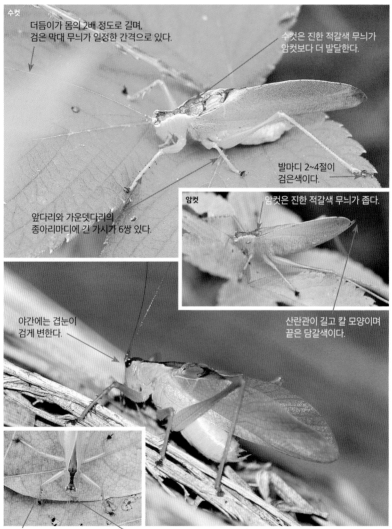

수컷

더듬이가 몸의 2배 정도로 길며, 검은 막대 무늬가 일정한 간격으로 있다.

수컷은 진한 적갈색 무늬가 암컷보다 더 발달한다.

발마디 2~4절이 검은색이다.

암컷

암컷은 진한 적갈색 무늬가 좁다.

앞다리와 가운뎃다리의 종아리마디에 긴 가시가 6쌍 있다.

야간에는 겹눈이 검게 변한다.

산란관이 길고 칼 모양이며 끝은 담갈색이다.

종아리마디의 가시가 매우 길다. 두정돌기가 매우 가늘고 좁다.

쌕쌔기

몸길이: 14~20㎜ / 나타나는 때: 6~11월 / 먹이: 잡식성 / 겨울나기: 알 / 보이는 곳: 들판, 논밭, 냇가, 바닷가

두정돌기(정수리돌기)가 매우 가늘다.

산란관은 뒷다리 넓적마디(후퇴절) 길이의 1/3정도로 짧고 단검 모양이다.

긴꼬리쌕쌔기

몸길이: 24~31㎜ / 나타나는 때: 7~11월 / 먹이: 식식성(풀씨) / 겨울나기: 알 / 보이는 곳: 들판, 논밭, 냇가

날개가 몸보다 길다.

산란관은 갈색이며 몸길이보다 길다(약 30㎜). 쌕쌔기류 중에서 가장 길다.

쌕쌔기 무리는 전두정이 튀어나와 옆에서 보면 얼굴이 기울어진 원뿔형으로 보인다.

좀썩쌔기

몸길이: 14~22mm / 나타나는 때: 8~11월 / 먹이: 식식성(풀씨) / 겨울나기: 알 / 보이는 곳: 들판, 논밭, 냇가, 습지

썩쌔기류 중에서 날개가 가장 짧다.

점박이썩쌔기

몸길이: 19~27mm / 나타나는 때: 6~10월 / 먹이: 식식성(풀씨) / 겨울나기: 알 / 보이는 곳: 들판, 논밭, 냇가, 바닷가, 습지

날개에 작고 검은 무늬가 있다.

좀매부리

몸길이: 57~61mm / 나타나는 때: 연중(어른벌레) / 먹이: 식식성(벼과식물) /
겨울나기: 어른벌레 / 보이는 곳: 남부 지역의 야산, 논밭, 냇가

몸 색깔은 녹색형과 갈색형이 있다.

두정돌기가 매부리보다 훨씬 뾰족하게 튀어나온다.

여치베짱이

몸길이: 60~74mm / 나타나는 때: 8~10월 / 먹이: 식식성(억새) / 겨울나기:
알 / 보이는 곳: 남부 지역

애벌레

흰색 줄무늬가 뚜렷하다.

매부리

몸길이: 40~55㎜ / 나타나는 때: 7~11월 / 먹이: 잡식성 / 겨울나기: 알 / 보이는 곳: 들판, 논밭, 냇가, 습지

수컷 갈색형

앞날개에 작은 점들이 줄지어 있다.

암컷 녹색형

산란관이 뒷다리 넓적마디 길이와 비슷하다.

두정돌기가 좀매부리보다 완만하다.
머리가 심하게 기울어졌다.

잔날개여치

몸길이: 16~25㎜ / 나타나는 때: 5~9월 / 겨울나기: 알 / 알 낳기: 나무줄기 속 / 먹이: 잡식성 / 보이는 곳: 숲 가장자리, 들판, 논밭, 냇가, 습지

수컷

앞가슴판 옆면 후연에 흰색 테두리가 있다.

날개가 매우 짧다.

암컷

산란관이 뒷다리 넓적마디보다 짧으며 검은색이다.

애여치

몸길이: 16~24㎜ / 나타나는 때: 6~8월 / 겨울나기: 알 / 먹이: 잡식성 / 보이는 곳: 습지(산지 및 들판), 강가 풀밭

암컷

날개가 발달했으며, 날개가 긴 것(장시형)은 배 끝을 넘는다.

앞가슴판 옆면 후연에 황백색 테두리가 있다.

산란관은 짧고 검은색이며 위쪽으로 휘었다.

뒷다리 넓적마디가 갈색이다.

여치

몸길이: 30~37㎜ / 나타나는 때: 6~10월 / 겨울나기: 알 / 알 낳기: 땅속 / 먹이: 육식성(작은 곤충, 곤충 사체) / 보이는 곳: 숲 가장자리

전연맥부와 경맥부가 밝은 녹색이다.

앞날개 중실에 검은 반점이 줄지어 있다.

산란관은 뒷다리 넓적마디보다 짧고 암갈색이다.

앞날개는 대개 배 끝을 넘지 않는다.

곤충 사체를 먹고 있다.

긴날개여치

몸길이: 28~38㎜ / 나타나는 때: 7~10월 / 겨울나기: 알 / 먹이: 육식성(작은 곤충, 곤충 사체) / 보이는 곳: 숲 가장자리, 강가, 둑, 바닷가, 논밭

앞날개에 검은 반점이 없다.

앞날개가 무척 길다.

산란관은 뒷다리 넓적마디 길이와 비슷하고 암갈색이다.

갈색여치

몸길이: 25~33mm / 나타나는 때: 6~10월 / 겨울나기: 알 / 먹이: 잡식성 /
보이는 곳: 숲 가장자리, 등산로, 강가, 과수원 주변

앞날개가 짧고 황갈색이다.

암컷

수컷은 전체적으로 짙은 흑갈색이다.

암컷은 전체적으로 담갈색이다.

수컷

앞가슴등판 측엽이 넓다.

뒷다리 넓적마디
안쪽은 황록색이다.

산란관이 몸길이만큼 길다.

우리여치

몸길이: 23~29mm / 나타나는 때: 7~10월 / 겨울나기: 알 / 먹이: 잡식성 / 보
이는 곳: 강원도 산지의 숲 가장자리, 등산로 주변

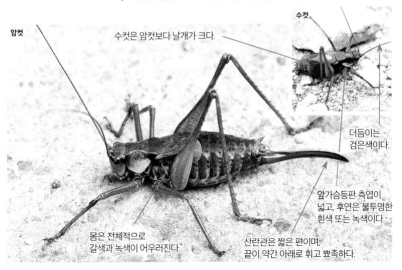

수컷

암컷

수컷은 암컷보다 날개가 크다.

더듬이는
검은색이다.

앞가슴등판 측엽이
넓고, 후연은 불투명한
흰색 또는 녹색이다.

몸은 전체적으로
갈색과 녹색이 어우러진다.

산란관은 짧은 편이며,
끝이 약간 아래로 휘고 뾰족하다.

중베짱이

몸길이: 26~35㎜ / 나타나는 때: 6~10월 / 겨울나기: 알 / 먹이: 포식성(작은 곤충, 애벌레) / 보이는 곳: 산지의 풀밭, 숲 가장자리, 덤불 주변

수컷

앞가슴등판 뒤쪽이 약간 솟았으며, 점각이 분포한다.

날개는 폭이 넓으며, 긴날개중베짱이보다 짧다. 뒷다리 넓적마디 무릎에 다다른다.

몸이 베짱이보다 뚱뚱하다.

암컷

등 쪽은 대개 갈색이다.

산란관 길이는 약 25㎜이며, 기부는 녹색이고 끝부분은 갈색이다.

긴꼬리
(긴꼬리아과)

몸길이: 14~20mm / 나타나는 때: 8~10월 / 겨울나기: 알 / 알 낳기: 식물 줄기 속 /
먹이: 잡식성(꽃가루 및 진딧물) / 보이는 곳: 들판, 논밭, 냇가, 숲 가장자리

수컷

머리가 앞쪽으로 튀어나왔다(전구식).
긴꼬리아과의 특징

날개폭은 폭날개긴꼬리보다 좁다.

암컷

몸이 전체적으로 납작하며 대부분 연녹색이다.

산란관은 곧고
검은색이다.

뒷날개가 뒤로 길게 뻗었다.

왕귀뚜라미
(귀뚜라미아과)

몸길이: 17~26mm / 나타나는 때: 7~11월 / 겨울나기: 알 / 알 낳기: 땅속 / 먹이: 잡식성(죽은 사체, 식물질) / 보이는 곳: 들판, 논밭, 공원, 숲 가장자리, 집 주변

암컷

겹눈 위에 연한 황갈색 띠무늬가 있으며 눈썹처럼 보인다.

애벌레

뚜렷한 흰색 띠무늬가 있다.

좀방울벌레
(알락방울벌레아과)

몸길이: 6~8mm / 나타나는 때: 7~10월 / 겨울나기: 알 / 알 낳기: 땅속 / 먹이: 잡식성 / 보이는 곳: 들판, 공원, 숲 가장자리, 논밭, 집 주변

수컷

적갈색 세로 줄무늬가 있다.

검은 무늬가 있다.

암컷

앞가슴등판 옆면이 검다.

산란관은 미모보다 길며 갈색이다.

모래방울벌레
(알락방울벌레아과)

몸길이: 7~8mm / 나타나는 때: 7~10월 / 겨울나기: 알 / 먹이: 잡식성 / 보이는 곳: 강가, 바닷가의 모래땅

전체적으로 작은 암갈색 무늬가 있어 알록달록하게 보인다.

먹종다리
(풀종다리아과)

몸길이: 4~5mm / 나타나는 때: 5~7월 / 겨울나기: 애벌레 / 먹이: 초식성 / 보이는 곳: 야산의 숲 가장자리, 풀밭, 논밭

몸이 전체적으로 광택이 있는 검은색이다.

작은턱수염 끝은 검은색이다.

다리는 전체적으로 연황색이다.

홀쭉귀뚜라미
(홀쭉귀뚜라미아과)

몸길이: 11~12mm / 나타나는 때: 8~10월 / 겨울나기: 알 / 보이는 곳: 야산의 풀밭

암컷

애벌레

검은 점이 뚜렷하다.

몸이 홀쭉하며 등 쪽은 전체적으로 검다.

산란관이 몸길이만큼 길며 흑갈색이다.

솔귀뚜라미
(솔귀뚜라미아과)

몸길이: 17~20mm / 나타나는 때: 8~10월 / 겨울나기: 알 / 알 낳기: 참억새 줄기 속 / 보이는 곳: 바닷가, 강가의 숲 가장자리, 풀밭

암컷

산란관은 뒷다리 넓적마디보다 약간 더 길고, 흑갈색이다.

앞가슴등판 앞부분보다 뒷부분이 더 넓다.

전체적으로 암갈색이다.

땅강아지

몸길이: 23~34㎜ / 나타나는 때: 1년 내내 / 겨울나기: 어른벌레 또는 애벌레 / 알 낳기: 땅속 / 먹이: 잡식성(풀뿌리, 작은 곤충) / 보이는 곳: 논밭, 들판, 냇가, 강가

암컷

뒷날개는 날지 않을 때 꼬리 모양으로 접어놓고 있어 가늘게 보인다.

앞날개는 짧고 넓적하다.

더듬이가 여치 무리에 비해 짧다.

꼬리털(미모)

앞가슴등판은 크고 원통형이다.

앞다리 끝부분이 삽 모양이다.

수컷

암컷

앞날개의 날개맥이 달라 구별된다.

모메뚜기

몸길이: 7~12㎜ / 나타나는 때: 연중(어른벌레 및 애벌레) / 겨울나기: 애벌레 및 어른벌레 / 알 낳기: 땅속 / 먹이: 식식성(낙엽) / 보이는 곳: 들판, 논밭, 냇가

더듬이가 짧다.

겹눈이 튀어나왔다.

뒷다리 넓적마디가 특히 굵다.

앞가슴등판이 뒷다리 무릎에 이른다.

날개는 막질로 투명하며, 앞가슴등판 아래에 있다.

몸 색깔이 주변 환경과 비슷하다.

무늬가 발달하기도 한다.

위에서 보면 대개 앞가슴등판은 마름모꼴로 각이 져 보인다.

붉은색을 띠기도 한다.

장삼모메뚜기

몸길이: 11~18mm / 나타나는 때: 연중(어른벌레 및 애벌레) / 겨울나기: 어른
벌레 / 알 낳기: 땅속 / 먹이: 식식성 / 보이는 곳: 들판, 논밭, 냇가, 습한 풀밭

개체마다 몸 색깔과 무늬가 다르다.

앞가슴등판이 뒷다리 넓적마디
뒤쪽으로 길게 발달한다.

뒷날개는
앞가슴등판보다
더 길다.

겹눈이 머리 위로 크게 튀어나왔다.

앞가슴등판과 뒷날개가 매우 길고, 뒷날개 펼친 모습이
승려의 긴 소매 옷인 '장삼'과 닮아서 붙여진 이름이다.

야산모메뚜기

몸길이: 9~12mm / 나타나는 때: 연중(어른벌레 및 애벌레) / 겨울나기: 어른
벌레 또는 애벌레 / 알 낳기: 땅속 / 먹이: 식식성(낙엽) / 보이는 곳: 낮은 산
지, 숲 가장자리

앞가슴등판은 둥글넓적하며,
앞부분 가운데가 약간 튀어나왔다.

가운데 융기선이
뚜렷하다.

앞가슴등판 아래에 있는
뒷날개의 길이가 앞가슴등판
반 정도로 짧아 비슷하게 생긴
모메뚜기와 구별된다.

개체마다 몸 색깔과
무늬 차이가 크다.

섬서구메뚜기

몸길이: 수컷 23~28㎜, 암컷 40~47㎜ / 나타나는 때: 7~10월 / 겨울나기: 알 / 먹이: 식식성(콩과식물, 벼과식물, 십자화과식물) / 보이는 곳: 논밭, 들판, 공원, 냇가, 습지

두정돌기에 세로 홈이 있다.

머리는 원뿔형이다.

더듬이가 짧고 납작하다.

가슴 폭이 넓다.

앞날개 끝이 뾰족하다.

암컷

수컷

위험 감지 시 더듬이를 아래로 내려 경계한다.

갈색형

얼굴이 아래로 심하게 기울었다.

적색형

늦가을에는 붉은색이 도는 개체가 종종 보인다.

우리벼메뚜기
(벼메뚜기아과)

몸길이: 23~40mm / 나타나는 때: 7~11월 / 먹이: 식식성(벼과식물) / 알 낳기: 건조한 땅속, 습지의 풀줄기 사이 / 겨울나기: 알 / 보이는 곳: 논밭, 습지

겹눈 뒤쪽으로 어두운 띠무늬가 있다.

수컷은 크기가 작다.

암컷은 크기가 크다.

개체 및 계절에 따라
몸 색깔에 차이가 있다.

앞날개는 대부분
배 끝보다 약간 길다.

애벌레는 앞가슴등판에서부터
배 끝까지 흰색 줄무늬가 있다.

한국민날개밑들이메뚜기
(밑들이메뚜기아과)

몸길이: 수컷 17~21㎜, 암컷 21~30㎜ / 나타나는 때: 7~10월 / 먹이: 식식성 / 알 낳기: 땅속 / 겨울나기: 알 / 보이는 곳: 산지의 관목림

머리 뒤쪽에서부터 몸 옆면을 따라 검은 줄무늬가 있다.

수컷은 크기가 작다.

암컷은 크기가 크다.

메뚜기 무리는 수컷이 암컷 등에 올라타서 배를 구부려 짝짓기한다.

암컷

암수 모두 날개가 전혀 없으며, 암컷은 뚱뚱하다.

수컷

가운뎃가슴등판이 검은색을 띠기도 한다.

긴날개밑들이메뚜기
(밑들이메뚜기아과)

몸길이: 수컷 24~28㎜, 암컷 29~35㎜ / 나타나는 때: 6~11월 / 먹이: 식식성 / 알 낳기: 땅속 / 겨울나기: 알 / 보이는 곳: 숲 가장자리, 습지, 논밭, 산지의 관목림 주변

앞날개는 길어서 뒷다리 무릎을 넘고 적갈색이며, 밑들이메뚜기류 중 가장 길다.

앞가슴등판 옆면을 따라 검은색 줄무늬가 있다.

몸 색깔은 녹색이다.

원산밑들이메뚜기
(밑들이메뚜기아과)

몸길이: 수컷 22~26㎜, 암컷 27~33㎜ / 나타나는 때: 6~10월 / 먹이: 식식성 / 알 낳기: 땅속 / 겨울나기: 알 / 보이는 곳: 숲 가장자리, 논밭, 산지의 관목림 주변

앞날개 길이는 배 끝과 비슷하다.

앞날개 윗면이 밝은 녹색이어서 긴날개밑들이메뚜기와 구별된다.

앞가슴등판의 검은색 가로 띠무늬가 선명하다.

팔공산밑들이메뚜기
(밑들이메뚜기아과)

몸길이: 수컷 18~22㎜, 암컷 23~29㎜ / 나타나는 때: 5~10월 / 먹이: 식식성 / 알 낳기: 땅속 / 겨울나기: 알 / 보이는 곳: 남부 지역의 숲 가장자리, 풀밭

수컷

암컷

날개는 적갈색이며 매우 작다.

밑들이메뚜기와 외견상으로는 구별되지 않지만, 밑들이메뚜기는 강원, 경기 등 중북부 지역에 살고, 팔공산밑들이메뚜기는 경상, 전라, 제주 등 남부 지역에 산다.

각시메뚜기
(각시메뚜기아과)

몸길이: 수컷 34~46㎜, 암컷 46~60㎜ / 나타나는 때: 연중(어른벌레) / 먹이: 식식성(벼과식물) / 알 낳기: 땅속 / 겨울나기: 어른벌레 / 보이는 곳: 중남부 지역의 숲 가장자리, 풀밭

겹눈 아래에 짙은 세로 줄무늬가 있다.

앞가슴등판 가운데의 노란색 줄무늬가 앞날개 끝까지 뻗었다.

수컷

암컷

땅딸보메뚜기
(땅딸보메뚜기아과)

| 몸길이: 수컷 17~23㎜, 암컷 27~34㎜ / 나타나는 때: 6~11월 / 먹이: 식식성 /
알 낳기: 땅속 / 겨울나기: 알 / 보이는 곳: 전국의 숲 가장자리, 건조한 풀밭

몸이 전체적으로 뚱뚱하고 땅딸막하다.

어른벌레

앞날개에 흑갈색 점무늬가 있으며,
경맥부에 때때로 밝은 띠무늬가 있다.

앞가슴등판 가운데 및
옆의 융기선이 뚜렷하다.

애벌레

애벌레는 흰 무늬가 뚜렷하다.

뒷다리 넓적마디가 매우 두껍다.

등검은메뚜기
(등검은메뚜기아과)

| 몸길이: 수컷 25~32㎜, 암컷 37~42㎜ / 나타나는 때: 7~11월 / 먹이: 식식
성(콩과식물) / 알 낳기: 땅속 / 겨울나기: 알 / 보이는 곳: 전국의 논밭, 냇
가, 저수지, 풀밭

앞가슴등판 윗면은 짙은 갈색이고,
옆면에 가늘고 선명한 노란색
선이 있다.

암컷

수컷

겹눈에 가는 세로 줄무늬가 있다.

뒷다리 종아리마디(경절)가 붉은색이다.

삽사리
(삽사리아과)

몸길이: 수컷 19~23㎜, 암컷 24~32㎜ / 나타나는 때: 5~8월 / 먹이: 식식성(벼과 식물) / 알 낳기: 땅속 / 겨울나기: 알 / 보이는 곳: 논밭, 무덤가, 숲 가장자리 풀밭

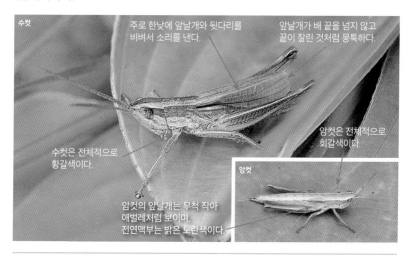

수컷

주로 한낮에 앞날개와 뒷다리를 비벼서 소리를 낸다.

앞날개가 배 끝을 넘지 않고 끝이 잘린 것처럼 뭉툭하다.

암컷은 전체적으로 회갈색이다.

수컷은 전체적으로 황갈색이다.

암컷의 앞날개는 무척 작아 애벌레처럼 보이며, 전연맥부는 밝은 노란색이다.

암컷

청날개애메뚜기
(삽사리아과)

몸길이: 수컷 23~27㎜, 암컷 24~31㎜ / 나타나는 때: 6~11월 / 먹이: 식식성 / 알 낳기: 땅속 / 겨울나기: 알 / 보이는 곳: 전국의 산지 및 숲 가장자리 풀밭

암컷

뒷무릎은 검다.

앞가슴등판에 무늬가 있다.

수컷

수컷의 몸 색깔은 녹색이다.

＊암컷의 몸 색깔은 암갈색이다.

앞날개는 검고 기부에서 끝부분으로 갈수록 폭이 넓어진다.

수염치레애메뚜기
(삽사리아과)

몸길이: 수컷 23~29㎜, 암컷 27~30㎜ / 나타나는 때: 6~9월 / 먹이: 식식성(벼과 식물) / 알 낳기: 땅속 / 겨울나기: 알 / 보이는 곳: 산지 계곡 가, 숲 가장자리 풀밭

암컷

앞날개는 황갈색이며 작은 점무늬가 있다.

수컷

수컷은 더듬이가 거의 몸길이만큼 길다. 암컷은 이에 비해 짧다.

앞가슴등판 옆면 반 정도가 밝은 색이다.

뒷무릎이 검다.

딱따기
(메뚜기아과)

몸길이: 수컷 34~36㎜, 암컷 48~57㎜ / 나타나는 때: 8~10월 / 먹이: 식식성(벼과식물) / 알 낳기: 땅속 / 겨울나기: 알 / 보이는 곳: 들판, 냇가 및 바닷가의 낮은 산지 풀밭

머리와 앞가슴등판이 거의 직선으로 평행하다.

더듬이는 칼 모양으로 분홍색이다.

앞날개가 전체적으로 좁고 끝이 날카롭다.

뒷다리가 짧고 연약하다.

등 쪽 테두리는 적갈색이고, 안쪽은 연분홍색이다.

벼과식물의 잎사귀 방향으로 앉아 위장한다.

방아깨비
(메뚜기아과)

몸길이: 수컷 42~56㎜, 암컷 68~86㎜ / 나타나는 때: 6~10월 / 먹이: 식식성(벼과식물) / 알 낳기: 땅속 / 겨울나기: 알 / 보이는 곳: 전국의 들판, 냇가, 논밭, 숲 가장자리

머리가 앞쪽으로 길게 튀어나와 끝이 뾰족한 원뿔형이다.

수컷

더듬이가 납작하다.

수컷은 암컷보다 몸이 무척 작고 가냘프다. 날아갈 때 "따다다닥" 소리를 낸다.

암컷

몸 색깔은 녹색형과 갈색형이 많고, 때로 적색형도 있으며, 무늬가 발달하기도 한다.

암컷은 메뚜기 무리 중 몸이 가장 크고 길다.

끝검은메뚜기
(풀무치아과)

몸길이: 수컷 31~40㎜, 암컷 40~50㎜ / 나타나는 때: 6~9월 / 먹이: 식식성(벼과식물) / 알 낳기: 풀밭의 땅속 / 겨울나기: 알 / 보이는 곳: 전국의 들판, 냇가, 논밭, 숲 가장자리

몸은 전체적으로 황록색이다.

뒷무릎 전체가 검은색이다.

앞날개 끝이 검은색이다.

앞날개의 경맥이 밝은 황백색이다.

청분홍메뚜기
(풀무치아과)

몸길이: 수컷 26~30mm, 암컷 31~39mm / 나타나는 때: 6~10월 / 먹이: 식식성 / 알 낳기: 땅속 / 겨울나기: 알 / 보이는 곳: 들판, 냇가, 바닷가, 논밭, 숲 가장자리

갈색형

녹색형

날개가 긴 편이다.

앞날개 전연맥부는 밝은 녹색이다.

뒷다리 종아리마디에 색깔이 다양한 띠무늬가 있다.

콩중이
(풀무치아과)

몸길이: 수컷 37~43mm, 암컷 53~59mm / 나타나는 때: 7~10월 / 먹이: 식식성(벼과식물) / 알 낳기: 땅속 / 겨울나기: 알 / 보이는 곳: 산지의 풀밭, 무덤가 주변

앞날개 가운데부분에 흰 줄무늬가 있다.

앞가슴등판 가운데 융기선이 높게 솟아 밑중이 녹색형과 구별된다.

몸 색깔은 녹색형과 갈색형이 있다.

겹눈 아래쪽에 검은 무늬가 있다.

풀무치
(풀무치아과)

몸길이: 수컷 43~70㎜, 암컷 58~85㎜ / 나타나는 때: 5~11월 / 먹이: 식식성 / 알 낳기: 땅속 / 겨울나기: 알 / 보이는 곳: 들판, 냇가, 바닷가, 논밭, 산지의 풀밭 주변

몸 색깔은 녹색형과 갈색형이 있다.

수컷은 크기가 작다. 앞가슴등판 뒤쪽이 튀어나왔다.

뒷다리 종아리마디가 붉은색이다.

앞날개에 복잡한 흑갈색 무늬가 흩어져 있다. 암컷은 크기가 크다.

어른벌레는 날개가 크다.

애벌레는 날개가 발달하지 않았다.

배를 늘려 땅속에 알을 낳는다.

팥중이
(풀무치아과)

몸길이: 수컷 28~33㎜, 암컷 39~46㎜ / 나타나는 때: 7~10월 / 먹이: 식식성(벼과식물) / 알 낳기: 땅속 / 겨울나기: 알 / 보이는 곳: 논밭, 들판, 냇가, 바닷가, 숲 가장자리

갈색형

앞가슴등판 위에 '><'처럼 생긴 무늬가 뚜렷이 있다.

녹색형

뒷다리 넓적마디에 검은색 띠무늬가 3개 있다.

녹색형은 앞가슴등판 위에 '><' 무늬가 뚜렷하지 않을 때도 있다.

두꺼비메뚜기
(풀무치아과)

몸길이: 수컷 23~26㎜, 암컷 30~34㎜ / 나타나는 때: 7~10월 / 먹이: 식식성(벼과식물) / 알 낳기: 땅속 / 겨울나기: 알 / 보이는 곳: 논밭, 들판, 냇가의 나대지

머리와 앞가슴등판에 작은 돌기가 있어 두꺼비의 피부와 닮았다.

뒷다리 넓적마디에 검은색 띠무늬가 2개 있다.

몸 색깔이 흑갈색이어서 땅바닥에 앉으면 구별이 어렵다.

빨간긴쐐기노린재 | 몸길이: 7~9㎜ / 나타나는 때: 3~12월 / 먹이: 포식성(작은 곤충의 체액) / 보이는 곳: 숲 가장자리, 산지의 풀밭 주변

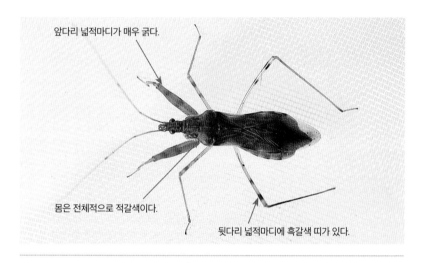

앞다리 넓적마디가 매우 굵다.

몸은 전체적으로 적갈색이다.

뒷다리 넓적마디에 흑갈색 띠가 있다.

미니날개큰쐐기노린재 | 몸길이: 9~10㎜ / 나타나는 때: 4~11월 / 먹이: 포식성(작은 곤충의 체액) / 보이는 곳: 숲 가장자리, 습지

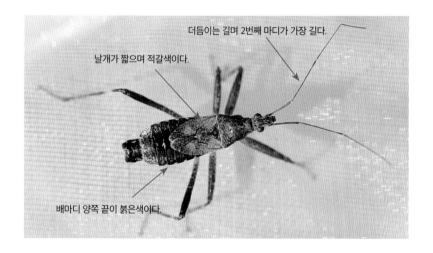

더듬이는 길며 2번째 마디가 가장 길다.

날개가 짧으며 적갈색이다.

배마디 양쪽 끝이 붉은색이다.

긴날개쐐기노린재 │ 몸길이: 10~12㎜ / 나타나는 때: 6~11월 / 먹이: 포식성(작은 곤충의 체액) /
│ 보이는 곳: 풀밭, 숲 가장자리

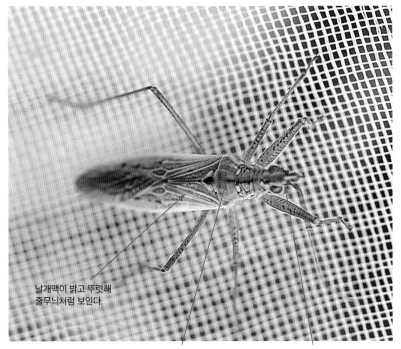

날개맥이 밝고 뚜렷해
줄무늬처럼 보인다.

앞가슴등판에 흑갈색 줄무늬가 있다.　　머리가 작고 앞으로 튀어나왔다.

설상무늬장님노린재 | 몸길이: 7~9㎜ / 나타나는 때: 4~10월 / 먹이: 식식성(쑥 즙) / 보이는 곳: 쑥이 많은 풀밭, 숲 가장자리

더듬이가 길며 황갈색, 검은색, 흰색 등으로 구성된다.

작고 흰 털이 밀생하며, 몸은 갈색 또는 검은색이다.

혁질부

설상부 무늬가 뚜렷하며 노란색이나 황백색이다.

변색장님노린재 | 몸길이: 7~9㎜ / 나타나는 때: 5~11월 / 겨울나기: 알 / 먹이: 식식성(채소, 과수, 목화 즙) / 보이는 곳: 쑥이 많은 풀밭, 논밭, 냇가

등판 가운데부분이 검다.

앞가슴등판에 작고 검은 둥근 무늬가 2개 있다.

더듬이 2번째 마디가 가장 길다.

애무늬고리장님노린재 | 몸길이: 5~6㎜ / 나타나는 때: 5~10월 / 먹이: 식식성(엉겅퀴를 비롯한 다양한 식물 즙) / 보이는 곳: 꽃이 많은 풀밭, 논밭

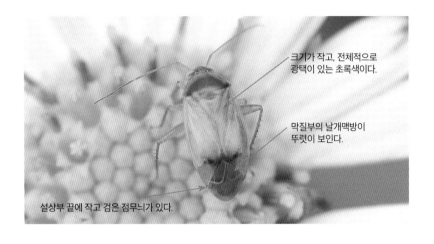

크기가 작고, 전체적으로 광택이 있는 초록색이다.

막질부의 날개맥방이 뚜렷이 보인다.

설상부 끝에 작고 검은 점무늬가 있다.

참북방장님노린재 | 몸길이: 5㎜ 내외 / 나타나는 때: 5~6월 / 먹이: 식식성(벼과식물 즙) / 보이는 곳: 벼과식물이 많은 풀밭, 냇가

앞가슴등판, 작은방패판, 앞날개 가장자리, 다리가 주황색이다.

앞가슴등판

앞날개 가장자리

작은방패판

날개홍선장님노린재 | 몸길이: 5mm 내외 / 나타나는 때: 5~10월 / 먹이: 식식성(벼과식물 즙) / 보이는 곳: 내륙 및 섬의 벼과식물이 많은 풀밭

작은방패판과 앞날개 혁질부 안쪽을 따라
붉은색 무늬가 있다.

뒷다리 넓적다리 반쯤이
붉은색이다.

홍색얼룩장님노린재 | 몸길이: 4~6mm / 나타나는 때: 4~11월 / 먹이: 식식성(벼과식물 즙) / 보이는 곳: 벼과식물이 많은 풀밭, 냇가 및 바닷가 주변

더듬이는 붉은색이다.

앞날개 혁질부 안쪽을 따라
붉은색 무늬가 있다.

앞가슴등판에 적갈색 줄이
2개 있다.

앞다리와 뒷다리의
넓적마디가 붉다.

탈장님노린재

| 몸길이: 7~9mm / 나타나는 때: 6~10월 / 먹이: 식식성(뽕나무류 즙) / 보이는 곳: 숲 가장자리, 논밭

앞가슴등판에 흰 테두리가 둘린
검은 무늬가 2개 있다.

작은방패판에
황백색 무늬가 있다.

더듬이에
흰 무늬가 있다.

뒷다리 넓적마디 기부 쪽이 황백색이다.

민장님노린재

| 몸길이: 9~10mm / 나타나는 때: 5~6월 / 먹이: 식식성(꽃봉오리 즙) / 보이는 곳: 숲 가장자리

뒷다리 넓적마디 반쯤이 붉다.

머리 뒤쪽에 노란색 가는 띠가 있다.

앞날개에 황백색 무늬가
3쌍 있다.

밝은색장님노린재 | 몸길이: 4~6㎜ / 나타나는 때: 9~12월 / 먹이: 식식성(망초, 쑥부쟁이류 즙) / 보이는 곳: 냇가, 강, 습지 풀밭

앞가슴등판에 갈색과 흰색이
번갈아 가며 무늬를 이룬다.

넓적마디에 얇은
적갈색 띠무늬가 있다.

앞날개에 갈색 줄무늬가 뚜렷하다.

빨간촉각장님노린재 | 몸길이: 5~7㎜ / 나타나는 때: 4~11월 / 먹이: 식식성(벼과식물 즙) / 보이는 곳: 냇가, 강, 습지 풀밭

더듬이는 가늘고
전체가 붉은색이다.

몸은 전체적으로 초록색이다.

발마디(부절)가 붉은색이다.

막질부는 옅은 암갈색이다

홍맥장님노린재 | 몸길이: 7~9mm / 나타나는 때: 3~8월 / 먹이: 식식성(벼과식물 즙) / 보이는 곳: 냇가, 강, 습지 풀밭

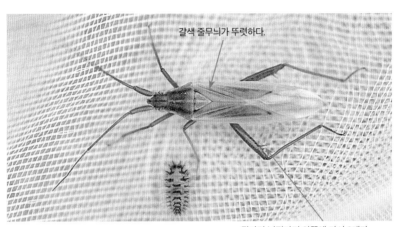

갈색 줄무늬가 뚜렷하다.

뒷다리 넓적마디 안쪽에 가시 2개가
뚜렷해 보리장님노린재와 구별된다.

보리장님노린재 | 몸길이: 8~11mm / 나타나는 때: 4~10월 / 먹이: 식식성(벼과식물 즙) / 보이는 곳: 냇가, 강, 습지, 논밭, 풀밭

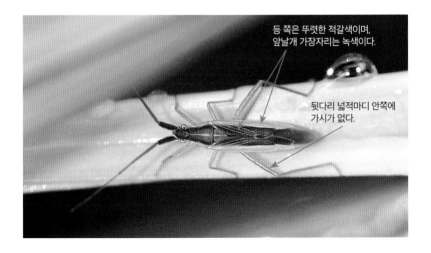

등 쪽은 뚜렷한 적갈색이며,
앞날개 가장자리는 녹색이다.

뒷다리 넓적마디 안쪽에
가시가 없다.

밀감무늬검정장님노린재 | 몸길이: 8~10㎜ / 나타나는 때: 5~9월 / 먹이: 포식성(작은 곤충의 체액) / 보이는 곳: 냇가, 습지, 논밭, 풀밭

앞가슴등판 앞쪽이 적갈색을 띠기도 한다.

설상부에 가느다란 연황색 또는 적갈색 무늬가 있다.

전체적으로 광택이 나는 검은색이다.

알락무늬장님노린재 | 몸길이: 8~9㎜ / 나타나는 때: 5~8월 / 보이는 곳: 덩굴이 많은 숲 가장자리, 잡목림, 논밭

앞가슴등판에 황백색 무늬가 있다.

작은방패판 가운데에 황백색 하트무늬가 있다.

설상부에 황백색 무늬가 있다.

종아리마디에 황백색 띠무늬가 2개 있다.

전체적으로 광택이 나는 검은색이다.

암수다른장님노린재 | 몸길이: 수컷 5㎜ 내외, 암컷 7㎜ 내외 / 나타나는 때: 5~8월 / 먹이: 식식성(쑥 즙) / 보이는 곳: 쑥이 많은 풀밭, 논밭, 냇가

암컷

다리는 전체적으로 검다.

날개가 짧은 것(단시형)은 전체적으로 뚱뚱한 편이다.

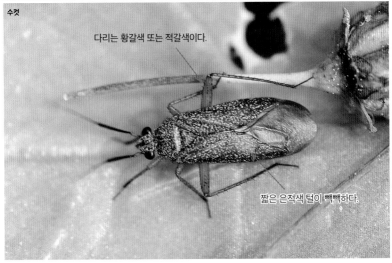

수컷

다리는 황갈색 또는 적갈색이다.

짧은 은적색 털이 빽빽하다.

우단침노린재

몸길이: 11~14mm / 나타나는 때: 4~10월 / 먹이: 포식성(곤충의 체액) / 보이는 곳: 냇가, 논밭, 풀밭의 땅바닥 또는 돌 등 은신처 주변

배 가장자리가 튀어나왔으며, 붉은색과 검은색 무늬가 번갈아 있다.

앞가슴등판 가운데에서 잘록해지며 '+' 모양 홈이 있다.

날개는 검은색이다.

전체적으로 광택이 나는 흑청색이다.

붉은무늬침노린재

몸길이: 11~13mm / 나타나는 때: 4~10월 / 먹이: 포식성(곤충의 체액) / 보이는 곳: 숲 가장자리, 낙엽, 땅바닥

붉은등침노린재와 비슷하나 날개 가운데부분에 붉은 무늬가 있다.

작은방패판과 맞닿은 부분에 검은 무늬가 있다.

붉은등침노린재 │ 몸길이: 11~13mm / 나타나는 때: 4~10월 / 먹이: 포식성(곤충의 체액) / 보이는 곳: 내륙 및 섬 지역의 숲 가장자리, 논밭

붉은무늬침노린재와 닮았으나, 날개 전체가 검은색이어서 구별된다.

몸이 전체적으로 붉은색이다.

잔침노린재 │ 몸길이: 10~11mm / 나타나는 때: 6~9월 / 먹이: 포식성(곤충의 체액) / 보이는 곳: 숲 가장자리, 냇가

붉은무늬침노린재 및 붉은등침노린재와 닮았으나, 다리가 붉은색이어서 구별된다.

검은 점무늬가 있다.

민날개침노린재 │ 몸길이: 15~19㎜ / 나타나는 때: 5~10월 / 먹이: 포식성(곤충의 체액) / 보이는 곳: 산지 내 숲 가장자리

배마디 양쪽 끝에 노란 점무늬가 있다.

대개 날개가 없으나 가끔 날개가 긴 것(장시형)도 있다.

앞가슴등판 폭이 좁으며, 가운데에 얕은 홈이 있다.

왕침노린재 │ 몸길이: 20~26㎜ / 나타나는 때: 4~10월 / 먹이: 포식성(곤충의 체액) / 보이는 곳: 산지 내 숲 가장자리

배 가장자리가 부풀어 넓적해 보인다.

머리가 좁고 앞으로 길게 튀어나왔다.

날개 길이는 배 끝보다 약간 길다.

앞가슴등판 가운데부분이 잘록하게 들어가 두 부분으로 보인다.

극동왕침노린재 | 몸길이: 18~22㎜ / 나타나는 때: 4~10월 / 먹이: 포식성(진딧물, 나방 같은 곤충의 체액) / 보이는 곳: 산지 내 숲 가장자리

왕침노린재와 비슷하나, 앞가슴등판에 검은 점처럼 보이는 가시가 4개 있다.

다리는 대부분 황갈색이다.

고추침노린재 | 몸길이: 14~17㎜ / 나타나는 때: 4~10월 / 먹이: 포식성(작은 곤충, 애벌레의 체액) / 보이는 곳: 논밭, 숲 가장자리

몸 전체가 붉은색이다.

앞날개 막질부가 흑갈색이다.

다리 전체가 검은색이다

배홍무늬침노린재 | 몸길이: 11~15㎜ / 나타나는 때: 6~10월 / 먹이: 포식성(작은 곤충의 체액) / 보이는 곳: 논밭, 숲 가장자리

배마디마다 발달한 붉은색과 검은색 무늬가 교대를 이룬다. 몸 전체가 검은색이다.

다리무늬침노린재 | 몸길이: 12~16㎜ / 나타나는 때: 4~10월 / 먹이: 포식성(나비목 애벌레, 작은 곤충의 체액) / 보이는 곳: 논밭, 냇가, 공원, 숲 가장자리

배마디마다 황백색과 검은색 무늬가 교차한다.

다리마다 황백색 고리 무늬들이 띠를 이룬다.

껍적침노린재 | 몸길이: 12~15㎜ / 나타나는 때: 5~11월 / 먹이: 포식성(작은 곤충의 체액) / 보이는 곳: 논밭, 냇가, 숲 가장자리

다리무늬침노린재와 닮았으나, 다리에 띠무늬가 없고, 온몸이 우둘투둘하다.

검정무늬침노린재 | 몸길이: 13~15㎜ / 나타나는 때: 5~11월 / 먹이: 포식성(작은 곤충의 체액) / 보이는 곳: 논밭, 냇가, 공원, 숲 가장자리의 땅바닥

앞가슴등판 앞부분은 둥그렇고, 뒷부분은 긴 사다리꼴이다.

몸과 날개 전체가 검은색이다.

어리큰침노린재 | 몸길이: 13~15㎜ / 나타나는 때: 8~10월 / 먹이: 포식성(작은 곤충의 체액) / 보이는 곳: 습지, 냇가, 산지 내 숲 가장자리

앞날개 혁질부 중간에
검은색 마름모꼴 무늬가 있다.

몸과 날개 전체가 암갈색이다.

억새반날개긴노린재 | 몸길이: 3.5㎜ 내외 / 나타나는 때: 5~7월 / 먹이: 식식성(벼과식물, 갈대 즙) / 보이는 곳: 냇가 풀밭 및 갈대밭 주변

날개는 대부분 매우 짧다.

다리는 전체적으로 갈색이다.

앞가슴등판 앞쪽이 뒤쪽보다 약간 넓고, 뒤쪽 가장자리가 황갈색이다.

전체적으로 납작하며 검은색이고 배는 넓다.

큰딱부리긴노린재 | 몸길이: 5~6㎜ / 나타나는 때: 5~11월 / 먹이: 잡식성(작은 곤충의 체액이나 식물의 즙) / 보이는 곳: 냇가, 논밭, 공원, 숲 가장자리

더듬이에 흰색 띠무늬가 있다.

머리는 밝은 황갈색이다.

전체적으로 넓적하며, 앞가슴등판과 작은방패판은 광택이 나는 검은색이다.

흰점빨간긴노린재 | 몸길이: 11~13㎜ / 나타나는 때: 5~10월 / 먹이: 식식성(십자화과식물, 채소류, 국화과식물 즙) / 보이는 곳: 논밭, 들판 주변

막질부는 검은색이며, 가운데부분에 흰색 점무늬가 있다.

전체적으로 주황색 바탕에 검은 무늬가 어우러졌다.

애긴노린재 | 몸길이: 4~5㎜ / 나타나는 때: 3~11월 / 먹이: 식식성(국화과식물 즙) / 보이는 곳: 논밭, 들판, 공원, 숲 가장자리

다리는 노란색이며, 흑갈색 작은 무늬가 흩어져 있다.

막질부와 접하는 혁질부에 흑갈색과 황백색 무늬가 있다.

꽃핀 식물에 군집을 이루기 때문에 많이 보인다.

애십자무늬긴노린재 | 몸길이: 9㎜ 내외 / 나타나는 때: 7~8월 / 먹이: 식식성(국화과식물 즙) / 보이는 곳: 논밭, 들판, 공원, 냇가, 숲 가장자리

앞가슴등판에 검은 무늬가 1쌍 있다.

혁질부의 검은색 점무늬가 작은방패판 크기와 비슷하고, 가장자리가 선명하다.

더듬이는 검은색이며, 작고 노란 고리 모양 무늬가 있다.

막질부는 검은색이다.

십자무늬긴노린재 | 몸길이: 9㎜ 내외 / 나타나는 때: 4~11월 / 먹이: 식식성(국화과식물 즙) / 보이는 곳: 논밭, 들판, 공원, 냇가, 숲 가장자리

개체변이

애십자무늬노린재와 닮았으나, 혁질부의 검은색 점무늬가 작은방패판보다 크고 가장자리가 선명하지 않아 구별된다.

혁질부의 검은색 점무늬는 개체마다 차이가 있다.

더듬이긴노린재

몸길이: 9~10㎜ / 나타나는 때: 4~10월 / 먹이: 식식성(벼과식물 즙) / 보이는 곳: 논밭, 들판, 공원, 냇가, 숲 가장자리

더듬이가 몸길이보다 길며 흑갈색이다.

작은방패판에 작은 황백색 무늬가 1쌍 있다.

앞다리 넓적마디가 크게 부풀었다.

달라스긴노린재

몸길이: 7~8㎜ / 나타나는 때: 5~10월 / 먹이: 식식성(사방오리나무 열매) / 보이는 곳: 내륙 및 섬의 숲 주변

앞날개 혁질부에는 흰색, 갈색, 검은색 무늬가 어우러졌다.

앞가슴등판 뒤쪽 양 끝에 황백색 무늬가 있다.

작은방패판과 앞날개 혁질부가 만나는 부분에 흰 무늬가 있다.

흰무늬긴노린재 | 몸길이: 6~8mm / 나타나는 때: 3~10월 / 먹이: 식식성(벼, 콩을 비롯한 다양한 식물 즙) / 보이는 곳: 논밭, 공원, 숲 가장자리

작은방패판은 검은색이며 무늬가 없다.

앞가슴등판이 넓으며,
뒤쪽 양 끝에 흰 무늬가 있다.

설상부에 흰 무늬가 있다.

어리흰무늬긴노린재 | 몸길이: 7~8mm / 나타나는 때: 3~11월 / 먹이: 식식성(식물 즙) / 보이는 곳: 논밭, 숲 가장자리

흰무늬긴노린재와 닮았으나, 작은방패판에
짧고 흰 무늬가 1쌍 있어 구별된다.

꽈리허리노린재

몸길이: 10~14mm / 나타나는 때: 5~10월 / 먹이: 식식성(가지과식물 즙) / 보이는 곳: 논밭

뒷다리 넓적마디가 부풀었다.

배마디 양쪽에 황백색 무늬가 있다.

몸에 짧은 회색 털이 밀생하며, 전체적으로 우둘투둘하다.

머리에서 앞가슴등판까지 가운데부분에 가는 황백색 선이 있다.

떼허리노린재

몸길이: 8~12mm / 나타나는 때: 3~11월 / 먹이: 식식성(엉겅퀴를 비롯한 식물 즙) / 보이는 곳: 논밭, 숲 가장자리

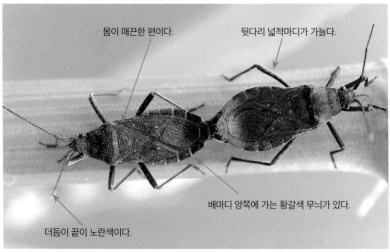

몸이 매끈한 편이다.

뒷다리 넓적마디가 가늘다.

배마디 양쪽에 가는 황갈색 무늬가 있다.

더듬이 끝이 노란색이다.

넓적배허리노린재 | 몸길이: 11~16mm / 나타나는 때: 4~10월 / 먹이: 식식성(콩과식물 즙) / 보이는 곳: 논밭, 칡덩굴, 숲 가장자리

앞날개의 검은색 점무늬가 작거나 뚜렷하지 않다.

더듬이 1마디의 굵기가 일정하다.

배 가장자리가 부풀어 폭이 매우 넓다.

두점배허리노린재 | 몸길이: 12~16mm / 나타나는 때: 4~10월 / 먹이: 식식성(콩과식물 즙) / 보이는 곳: 논밭, 칡덩굴, 숲 가장자리

넓적배허리노린재보다 앞날개의 검은색 점이 크고 뚜렷하다.

더듬이 1마디는 기부 쪽이 더 가늘다.

넓적배허리노린재보다 배 가장자리가 좁다.

노랑배허리노린재 | 몸길이: 13~18mm / 나타나는 때: 4~11월 / 먹이: 식식성(노박덩굴 즙) / 보이는 곳: 논밭, 숲 가장자리

아랫면이 노란색이다.

각 다리의 기부가 붉은색이다.

각 넓적마디의 2/3는 흰색이고, 1/3은 검은색이다.

시골가시허리노린재 | 몸길이: 11~12mm / 나타나는 때: 4~11월 / 먹이: 식식성(벼과식물 즙) / 보이는 곳: 논밭, 냇가, 숲 가장자리

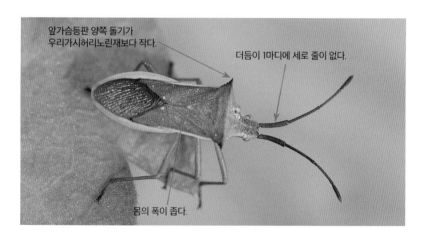

앞가슴등판 양쪽 돌기가
우리가시허리노린재보다 작다.

더듬이 1마디에 세로 줄이 없다.

몸의 폭이 좁다.

우리가시허리노린재 | 몸길이: 11~13mm / 나타나는 때: 4~11월 / 먹이: 식식성(벼과식물 즙) / 보이는 곳: 논밭, 냇가, 숲 가장자리

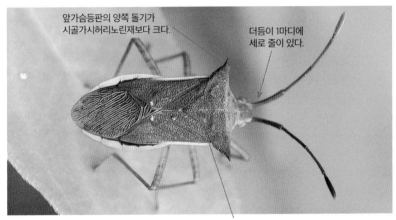

앞가슴등판의 양쪽 돌기가
시골가시허리노린재보다 크다.

더듬이 1마디에
세로 줄이 있다.

몸의 폭이 시골가시허리노린재보다 넓다.

큰허리노린재 | 몸길이: 20~25mm / 나타나는 때: 4~11월 / 먹이: 식식성(칡, 딸기나무, 엉겅퀴 즙) / 보이는 곳: 논밭, 냇가, 숲 가장자리 칡덩굴 주변

앞가슴등판 양쪽이
코끼리 귀 모양처럼 부풀었다.

뒷다리 넓적마디 안쪽 면으로 작은 가시들이 있다.

장수허리노린재

몸길이: 18~24㎜ / 나타나는 때: 4~10월 / 먹이: 식식성(싸리 즙) / 보이는 곳: 논밭, 냇가, 숲 가장자리

뒷다리 넓적마디가 매우 두꺼우며, 안쪽에 큰 돌기가 있다.

큰허리노린재와 닮았으나, 앞가슴등판 양쪽이 완만하다.

톱다리개미허리노린재 | 몸길이: 13~18㎜ / 나타나는 때: 연중(어른벌레) / 먹이: 식식성(콩 과식물, 벼과식물 즙) / 보이는 곳: 논밭, 냇가, 공원, 숲 가장자리

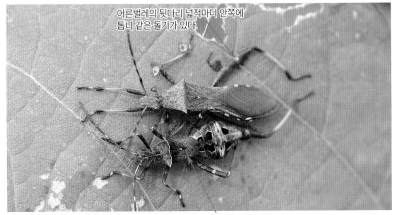

어른벌레의 뒷다리 넓적마디 안쪽에
톱니 같은 돌기가 있다.

애벌레는 개미와 닮았다.

호리허리노린재 | 몸길이: 15~17㎜ / 나타나는 때: 4~10월 / 먹이: 식식성(벼과식물 즙) / 보이 는 곳: 제주도나 남해안 지역의 논밭, 공원, 숲 가장자리

앞날개는 담갈색이다.

더듬이 기부는 황백색이다.   몸이 초록색이다.

투명잡초노린재

몸길이: 6~7mm / 나타나는 때: 4~10월 / 먹이: 식식성(벼과식물 즙) / 보이는 곳: 논밭, 들판, 냇가

앞날개 무늬가 뚜렷하다.

머리 뒷부분에 가늘고 노란 띠가 있다.

날개가 투명하다.

작은방패판 가장자리에 무늬가 뚜렷하다.

붉은잡초노린재

몸길이: 5~9mm / 나타나는 때: 4~10월 / 먹이: 식식성(벼과, 국화과식물 즙) / 보이는 곳: 논밭, 들판, 냇가

앞날개 혁질부는 대체로 붉은색이다.

더듬이는 붉은색이다.

날개 막질부는 투명하다.

삿포로잡초노린재 | 몸길이: 6~9㎜ / 나타나는 때: 4~10월 / 먹이: 식식성(벼과식물, 국화과식물 즙) / 보이는 곳: 논밭, 들판, 냇가

배가 넓어 날개 밖으로 드러나고, 가장자리에 흰색 무늬가 뚜렷하다.

몸은 대개 갈색이다.

더듬이 끝부분은 황적색이다.

작은주걱참나무노린재 | 몸길이: 10~14mm / 나타나는 때: 4~11월 / 먹이: 식식성(참나무류 즙) / 보이는 곳: 활엽수 숲 가장자리

몸은 대개 녹색이머 작고 검은 점각이 골고루 흩어져 있다.

사진으로는 보이지 않지만 배 옆면의 기문이 초록색이다.
모양이 비슷한 참나무노린재는 기문이 검은색이다

뒷창참나무노린재 | 몸길이: 12~15mm / 나타나는 때: 4~11월 / 먹이: 식식성(참나무류 즙) / 보이는 곳: 활엽수 숲 가장자리

앞날개 혁질부의 작고 검은 점각이
가장자리에만 흩어져 있다.

늦가을에는 다리가 붉은색으로 변한다.

두쌍무늬노린재 | 몸길이: 14~16㎜ / 나타나는 때: 4~11월 / 먹이: 식식성(활엽수 즙) / 보이는 곳: 활엽수 숲 가장자리

전체적으로 적갈색이다.

더듬이 4, 5마디 기부는 노란색이다.

앞날개 혁질부에 검고 둥근 무늬가 2쌍 있다.

무당알노린재

몸길이: 머리-작은방패판 끝 4~8㎜ / 나타나는 때: 4~10월 / 먹이: 식식성
(칡, 콩과식물, 벼과식물 즙) / 보이는 곳: 야산의 숲 가장자리, 논밭

더듬이 끝부분이 암갈색이다.

겹눈이 붉다.

앞가슴등판은 황갈색 바탕에
흑갈색 점들이 무수히 있다.

작은방패판이 배를 덮을 정도로 매우 크며, 황갈색
바탕에 흑갈색 점들이 많다. 그 아래에 날개가 있다.

동쪽알노린재

| 몸길이: 머리-작은방패판 끝 3~4㎜ / 나타나는 때: 6~10월 / 먹이: 식식성 (콩과식물, 칡 즙) / 보이는 곳: 야산의 숲 가장자리, 논밭

머리 뒤쪽에 짧고 가느다란 노란색 줄무늬가 있어 눈박이알노린재와 구별된다.

작은방패판 앞쪽에 뚜렷한 황백색 점무늬가 2개 있다.

전체적으로 광택이 나는 검은색이다.

희미무늬알노린재

| 몸길이: 머리-작은방패판 끝 3~4㎜ / 나타나는 때: 4~10월 / 먹이: 식식성 (고마리, 쇠별꽃 즙) / 보이는 곳: 냇가, 논밭, 공원, 숲 가장자리

작은방패판 앞쪽에 작고 노란 무늬가 2개 있다.

더듬이는 갈색이다.

머리 뒤쪽에 짧고 가느다란 노란색 줄무늬가 없다.

등빨간뿔노린재

몸길이: 14~19㎜ / 나타나는 때: 5~11월 / 겨울나기: 어른벌레 / 먹이: 식식성(벚나무 즙) / 보이는 곳: 산지의 숲 가장자리

작은방패판 앞부분이 적갈색 또는 붉은색이다.

앞가슴등판 앞부분이 적갈색 또는 붉은색이다.

배에 굵고 검은 띠무늬가 있다.

다리 대부분이 연두색이며, 발마디는 황갈색이다.

앞가슴등판 뒤쪽 모서리가 약간 튀어나왔다.

남방뿔노린재

몸길이: 7~9㎜ / 나타나는 때: 4~11월 / 알 낳기: 잎 뒷면 / 겨울나기: 어른벌레 / 먹이: 식식성(층층나무 즙) / 보이는 곳: 산지의 숲 가장자리

앞날개 혁질부는 작은방패판과 접하는 앞가장자리와 막질부와 접하는 뒤가장자리가 적갈색이며, 위에서 보면 'X'자 모양을 이룬다.

막질부 끝은 투명하다.

앞가슴등판 뒤쪽 모서리가 튀어나왔고, 끝이 검은색이다.

긴가위뿔노린재

| 몸길이: 16~19㎜ / 나타나는 때: 5~10월 / 겨울나기: 어른벌레 / 먹이: 식식성(층층나무 즙) / 보이는 곳: 산지의 숲 가장자리

수컷

전체적으로 녹색이며, 작고 검은 점각이 흩어져 있다.

수컷은 생식기가 가위 모양으로 길게 튀어나왔다.

암컷

암컷은 생식기가 튀어나오지 않고, 둥글넓적하다.

앞가슴등판 뒤쪽 모서리 끝이 붉은색이어서, 노란색인 녹색가위뿔노린재와 구별된다.

푸토니뿔노린재

몸길이: 7~10㎜ / 나타나는 때: 4~10월 / 알 낳기: 잎 뒷면 / 겨울나기: 어른 벌레 / 먹이: 식식성(산뽕나무 즙) / 보이는 곳: 산지의 숲 가장자리

몸 색깔은 적갈색, 암갈색, 담갈색 등 다양하다.

앞가슴등판 뒤쪽 모서리가 튀어나왔고, 끝이 검은색이다.

작은방패판 가운데에 어두운 무늬가 있다.

배는 넓적해 양 가장자리가 날개 밖으로 드러났고, 검은 띠무늬가 있다.

에사키뿔노린재

몸길이: 10~13㎜ / 나타나는 때: 4~11월 / 알 낳기: 잎 뒷면 / 겨울나기: 어른벌레 / 먹이: 식식성(층층나무 즙) / 보이는 곳: 산지의 숲 가장자리

앞가슴등판 뒤쪽 모서리가 뚜렷하게 튀어나왔고, 끝이 검은색이다.

작은방패판 가운데에 황백색 또는 노란색 하트무늬가 있어 노랑무늬뿔노린재와 구별된다.

앞가슴등판 뒤쪽과 앞날개 혁질부가 적갈색이다.

광대노린재

│ 몸길이: 17~20mm / 나타나는 때: 5~11월 / 겨울나기: 애벌레 / 먹이: 식식성
│ (노린재나무, 참나무류 즙) / 보이는 곳: 산지의 숲 가장자리

어른벌레
앞가슴등판 가장자리와 가운데를
가로지르는 붉은색 줄무늬가 연결되었다.

대개 작은방패판 밖으로
흑갈색 날개가 약간 삐져나왔다.

애벌레

대개 금속성 녹색 바탕에 붉은색 줄무늬가 발달한다.

넓은 흰색 띠무늬가 있다.

큰광대노린재

│ 몸길이: 17~20mm / 나타나는 때: 5~11월 / 먹이: 식식성(회양목 즙) / 보이는
│ 곳: 야산의 회양목 군락지

어른벌레

애벌레

광대노린재와 비슷하지만, 앞가슴등판 가장자리와
가운데를 가로지르는 붉은색 줄무늬가 연결되지 않았다.

금속성 광택이 나며, 색이 화려하다.

방패광대노린재

몸길이: 19~26㎜ / 나타나는 때: 5~10월 / 먹이: 식식성(예덕나무 즙) / 보이는 곳: 야산의 예덕나무 군락지

작은방패판이 배와 날개를 거의 덮는다.

앞가슴등판

전체적으로 주황색이며, 앞가슴등판과 작은방패판에 노란색 테두리가 둘린 검은색 점무늬가 있다.

도토리노린재

몸길이: 9~10㎜ / 나타나는 때: 5~10월 / 먹이: 식식성(억새 같은 벼과식물 즙) / 보이는 곳: 들판, 숲 가장자리

몸 색깔은 암갈색, 적갈색 등으로 다양하며, 머리와 작은방패판 가운데부분에 가는 줄무늬가 뚜렷하다.

배 양 가장자리가 작은방패판 밖으로 늘어났으며, 흑갈색 무늬가 있다.

톱날노린재

몸길이: 13~16mm / 나타나는 때: 6~10월 / 먹이: 식물성(박과식물 즙) / 보이는 곳: 들판과 야산의 박과식물이 많은 곳

배마디 가장자리가 작은 톱날 모양이다.

더듬이 끝 마디가 붉은색이다.

앞날개 막질부가 배의 절반 정도를 차지한다.

작은방패판 뒤가장자리가 큰 톱니 모양이다,

억새노린재

몸길이: 15~18㎜ / 나타나는 때: 5~10월 / 먹이: 식식성(억새 즙) / 보이는 곳: 들판, 냇가

머리는 삼각형으로 뾰족하게 튀어나왔다.

어른벌레

앞가슴등판 뒤가장자리가 황백색으로 뚜렷하며, 양쪽 모서리가 뾰족하게 튀어나왔다.

애벌레

배에 노란색 줄무늬가 있다.

작은방패판이 이등변삼각형이다.

더듬이 끝부분이 검다.

주둥이노린재

몸길이: 10~16㎜ / 나타나는 때: 3~11월 / 겨울나기: 어른벌레 / 먹이: 포식성(작은 곤충의 체액) / 보이는 곳: 들판, 논밭, 야산

전체적으로 암갈색이며, 머리 뒤쪽에서 작은방패판까지 가운데부분에 가느다란 황갈색 줄무늬가 있다.

작은방패판 끝부분은 둥글며 황백색이다.

앞가슴등판 양쪽 모서리가 뾰족하게 튀어나왔으며 검은색이다.

갈색주둥이노린재 | 몸길이: 11~14㎜ / 나타나는 때: 3~11월 / 겨울나기: 어른벌레 / 먹이: 포식성(나비목 애벌레의 체액) / 보이는 곳: 들판, 논밭, 야산

전체적으로 황갈색이고, 앞가슴등판 양쪽 모서리가 완만하며, 몸의 폭이 중국갈색주둥이노린재보다 좁아 구별된다.

날개 막질부는 갈색으로 거의 투명하다.

홍다리주둥이노린재 | 몸길이: 14~18㎜ / 나타나는 때: 5~11월 / 먹이: 포식성(나비목 애벌레의 체액) / 보이는 곳: 숲 가장자리

다리의 넓적마디가 붉은색이다.

작은방패판 끝부분은 반원 모양이며 황백색이다.

작은방패판 앞쪽 양 가장자리에 가느다란 노란색 줄무늬가 있다.

남색주둥이노린재
몸길이: 6~9mm / 나타나는 때: 3~9월 / 겨울나기: 어른벌레 / 먹이: 포식성(작은 곤충, 나비목 애벌레의 체액) / 보이는 곳: 논밭, 산지 풀밭, 숲 가장자리

크기가 작으며, 전체적으로 광택이 나는 청람색이다.

메추리노린재
몸길이: 6~10mm / 나타나는 때: 5~10월 / 먹이: 식식성(벼과식물 이삭 즙) / 보이는 곳: 논밭, 냇가, 산지 풀밭

작은방패판은 크고 끝부분이 둥글다.

더듬이는 붉은색이다.

머리에서 작은방패판까지 암갈색 줄무늬가 있다.

황소노린재

| 몸길이: 8~9㎜ / 나타나는 때: 6~10월 / 보이는 곳: 숲 가장자리

앞가슴등판 가장자리가
황소 뿔처럼 매우 크게 튀어나왔다.

앞가슴등판 앞쪽에
작고 노란 점무늬가 있다.

작은방패판 앞가장자리에
회백색 무늬가 있다.

가시노린재

| 몸길이: 8~10㎜ / 나타나는 때: 5~10월 / 먹이: 식식성(청미래덩굴 열매
즙) / 보이는 곳: 논밭, 냇가, 공원, 산지 풀밭

작은방패판은 크고 끝부분이 튀어나왔다.

머리 뒤쪽 양옆에 길고 흰 무늬가 있다.

앞가슴등판 양쪽 모서리가 크게 튀어나왔다.

다리무늬두흰점노린재 | 몸길이: 17~20㎜ / 나타나는 때: 3~9월 / 먹이: 식식성(팽나무, 신나무 즙) / 보이는 곳: 숲 가장자리, 공원

작은방패판 앞쪽 양 가장자리에
황백색 점무늬가 있다.

종아리마디 앞쪽 반쯤이 흰색이다.

알락수염노린재 | 몸길이: 9~15mm / 나타나는 때: 3~11월 / 겨울나기: 어른벌레 / 먹이: 식식성(십자화과식물, 벼과식물 즙) / 보이는 곳: 논밭, 냇가, 공원, 숲 가장자리

배마디 가장자리에 검은색 무늬가 있다.

앞가슴등판과 앞날개 혁질부가
적갈색 또는 황갈색이다.

앞날개 막질부가 배 끝을 넘는다.

더듬이에 황갈색 고리무늬가 있다.

나비노린재

몸길이: 8~9㎜ / 나타나는 때: 4~8월 / 보이는 곳: 냇가, 습지, 숲 가장자리

알락수염노린재와 닮았으나,
머리에 흑갈색 줄무늬가 2개 있어 구별된다.

홍비단노린재

몸길이: 6~8㎜ / 나타나는 때: 4~10월 / 먹이: 식식성(십자화과식물 즙) /
보이는 곳: 논밭, 냇가, 공원, 숲 가장자리

주황색 바탕인 앞가슴등판에 대개 검은색 점무늬가
6개 있어 북쪽비단노린재와 구별된다.

북쪽비단노린재

몸길이: 6~9mm / 나타나는 때: 3~10월 / 먹이: 식식성(십자화과식물 즙) /
보이는 곳: 논밭, 냇가, 공원, 들판, 숲 가장자리

주황색 또는 붉은색 바탕인 앞가슴등판에 대개 크고 검은
점무늬가 2개 있어 홍비단노린재와 구별된다.

가시점둥글노린재

몸길이: 4~7mm / 나타나는 때: 2~11월 / 겨울나기: 어른벌레 / 먹이: 식식성
(벼과식물 이삭 즙) / 보이는 곳: 논밭, 냇가, 공원, 들판, 숲 가장자리

작은방패판이 커서 배의 절반을 넘으며,
앞쪽 양 가장자리에 황백색 점무늬가 있다.

앞가슴등판 양쪽 모서리가 가시처럼 뾰족하게 튀어나왔다.

배둥글노린재

몸길이: 5~7mm / 나타나는 때: 4~10월 / 먹이: 식식성(벼과식물 이삭 즙) / 보이는 곳: 논밭, 냇가, 공원, 들판, 숲 가장자리

작은방패판 앞쪽 양 가장자리에 있는 황백색 점무늬가 점박이둥글노린재보다 작다.

앞가슴등판 양쪽 모서리가 둥그스름해 가시점둥글노린재와 구별된다.

네점박이노린재

몸길이: 11~14mm / 나타나는 때: 4~11월 / 먹이: 식식성(콩과식물 즙) / 보이는 곳: 숲 가장자리, 공원

날개 막질부는 갈색으로 불투명하고 배 끝을 약간 넘는다.

앞가슴등판 앞부분에 작은 황백색 점무늬가 4개 있다.

더듬이 1~3마디가 황갈색이고, 끝마디의 기부 반이 노란색이다.

느티나무노린재

몸길이: 10~11mm / 나타나는 때: 4~10월 / 먹이: 식식성(느티나무 즙) / 보이는 곳: 숲 가장자리, 공원

배가 날개보다 넓으며, 가장자리에 검은색 무늬가 있다.

앞가슴등판에 있는 점무늬 4개가 네점박이노린재와 닮았다.

네점박이노린재와 달리 더듬이 1~3마디가 검은색이다.

작은방패판 앞쪽 양 가장자리에 작은 황적색 무늬가 있다.

썩덩나무노린재

몸길이: 14~18mm / 나타나는 때: 2~11월 / 겨울나기: 어른벌레(나무껍질 밑) / 먹이: 식식성(뽕나무, 고추 같은 밭작물 및 과일 즙) / 보이는 곳: 논밭, 냇가, 공원, 숲 가장자리

느티나무노린재와 비슷하나 더듬이 4마디 양 끝과 5마디 아랫부분이 노란색 또는 황갈색이어서 구별된다.

열점박이노린재 | 몸길이: 15~24㎜ / 나타나는 때: 4~10월 / 먹이: 식식성(벚나무, 느릅나무, 단풍나무류 즙) / 보이는 곳: 활엽수 숲 가장자리

앞가슴등판과 작은방패판에 검은색 점무늬가 10개 있다.

앞가슴등판 양쪽 모서리가 투구 모양처럼 앞으로 튀어나왔다.

무시바노린재 | 몸길이: 7~9㎜ / 나타나는 때: 2~10월 / 겨울나기: 어른벌레(나무껍질 밑) / 먹이: 식식성(참나무류 즙) / 보이는 곳: 참나무 숲, 공원

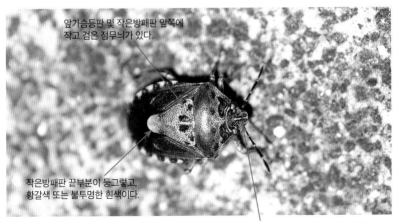

앞가슴등판 및 작은방패판 앞쪽에 작고 검은 점무늬가 있다.

작은방패판 끝부분이 둥그렇고, 황갈색 또는 불투명한 흰색이다.

머리 가운데부분에 가느다란 황백색 줄무늬가 있다.

깜보라노린재

몸길이: 7~10㎜ / 나타나는 때: 4~10월 / 먹이: 식식성(미나리과식물, 식물 혹 즙) / 보이는 곳: 냇가, 논밭, 습지, 공원, 숲 가장자리

무시바노린재와 닮았으나, 작고 검은 점무늬들이 없고, 전체적으로 광택이 나는 청자색이다.

스코트노린재

몸길이: 8~10㎜ / 나타나는 때: 4~11월 / 겨울나기: 어른벌레(나무껍질, 낙엽 밑) / 먹이: 식식성(참나무류 즙) / 보이는 곳: 공원, 산지 건축물, 숲 가장자리

무시바노린재와 닮았으나, 더듬이 끝 마디의 1/3 정도가 흰색이다.

앞날개가 길어 배 끝을 훨씬 넘는다.

풀색노린재 | 몸길이: 11~17㎜ / 나타나는 때: 2~11월 / 겨울나기: 어른벌레(낙엽 밑) / 먹이: 식식성(콩과식물, 채소류 즙) / 보이는 곳: 논밭, 냇가, 공원, 숲 가장자리

전체적으로 녹색을 띠나,
앞부분에 무늬가 있는 경우도 있다.

배마디 가장자리에 점무늬가 있다.

작은방패판 앞쪽에 작은 황백색 점무늬가 3개 있으며,
앞쪽 가장자리에 작고 검은 점무늬가 있다.

기름빛풀색노린재 | 몸길이: 15~18㎜ / 나타나는 때: 8~11월 / 먹이: 식식성(채소류, 과수 즙) / 보이는 곳: 논밭, 냇가, 숲 가장자리

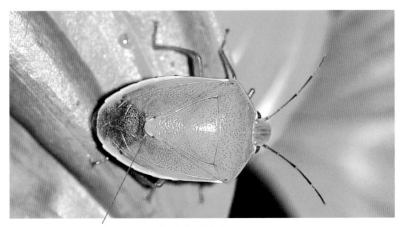

풀색노린재와 닮았으나, 작은방패판 앞쪽에 점무늬가 없고,
끝부분이 가는 황록색 테두리로 둘러 있다.

북방풀노린재

| 몸길이: 12~16mm / 나타나는 때: 6~10월 / 먹이: 식식성(콩과식물 즙) / 보이는 곳: 숲 가장자리, 논밭

풀색노린재와 닮았으나,
날개 막질부가 암갈색이어서 구별된다.

가로줄노린재

| 몸길이: 9~11mm / 나타나는 때: 6~11월 / 먹이: 식식성(콩과식물 즙) / 보이는 곳: 냇가, 논밭, 숲 가장자리

풀색노린재와 닮았으나, 앞가슴등판 뒤쪽에
뚜렷한 가로 줄무늬가 있어 구별된다.

왕노린재

몸길이: 22~24mm / 나타나는 때: 6~9월 / 먹이: 식식성(참나무류 즙) / 보이는 곳: 산지 숲 장자리

전체적으로 금속성 광택이 나는 청록색이다.

앞가슴등판 양쪽이 날카롭게 튀어나왔다.

배마디 가장자리는 흑청색과 주황색 또는 노란색이 번갈아 가며 무늬를 이룬다.

대왕노린재

몸길이: 23~25mm / 나타나는 때: 6~9월 / 먹이: 식식성(참나무류, 단풍나무류 즙) / 보이는 곳: 숲 가장자리, 산지 공원

왕노린재와 매우 닮았으나 앞가슴등판 옆모서리가 훨씬 더 크고 많이 휘어서 구별된다.

분홍다리노린재 | 몸길이: 17~20mm / 나타나는 때: 6~10월 / 먹이: 식식성(느티나무, 단풍나무 즙) / 보이는 곳: 숲 가장자리, 공원

앞가슴등판 옆모서리 끝이 붉은색이다.

왕노린재와 닮았으나 다리가 붉은색이어서 구별된다.

제주노린재 | 몸길이: 17~19mm / 나타나는 때: 7~10월 / 먹이: 식식성(참나무류 즙) / 보이는 곳: 숲 가장자리

작은방패판 끝이 뾰족하며 황백색이다.

왕노린재와 닮았으나 앞가슴등판 앞쪽과 배 가장자리가 초록색이어서 구별된다.

장흙노린재

몸길이: 18~24mm / 나타나는 때: 6~10월 / 먹이: 식식성(느티나무, 참나무류 즙) / 보이는 곳: 숲 가장자리, 공원

더듬이 끝마디 반쯤이 노란색이다.

배는 날개보다 넓고, 가장자리는 노란색 바탕에 줄무늬가 있다.

몸 색깔은 황갈색, 적갈색 등 개체마다 차이가 있다.

얼룩대장노린재

몸길이: 20~23mm / 나타나는 때: 4~11월 / 겨울나기: 어른벌레(낙엽 밑) / 먹이: 식식성(참나무류 즙) / 보이는 곳: 숲 가장자리, 공원

회백색 또는 회갈색 바탕에 검은색 무늬가 복잡하게 있어 비슷한 종류와 구별된다.

더듬이 끝마디 2/3 정도가 흰색이다.

갈색날개노린재

몸길이: 10~13mm / 나타나는 때: 3~11월 / 겨울나기: 어른벌레(낙엽 밑) / 먹이: 식식성(벚나무, 과일, 채소 즙) / 보이는 곳: 논밭, 공원, 숲 가장자리

몸 색깔이 초록색이다.

앞날개 혁질부가 갈색이다

홍줄노린재

몸길이: 9~12mm / 나타나는 때: 6~10월 / 먹이: 식식성(미나리과식물 즙) / 보이는 곳: 논밭, 냇가, 습지, 공원, 숲 가장자리

검은색 바탕에 머리에서 작은방패판 끝까지 주홍색 세로 줄무늬가 있다.

쥐머리거품벌레

몸길이: 6~8mm / 나타나는 때: 5~11월 / 먹이: 식식성(버드나무류, 참나무류 즙) / 보이는 곳: 냇가, 습지, 숲 가장자리

앞날개 끝은 좁고 적갈색이다.

작은방패판

머리가 검고 튀어나왔다.

노랑얼룩거품벌레 | 몸길이: 10~12mm / 나타나는 때: 6~10월 / 먹이: 식식성(버드나무류 즙) / 보이는 곳: 산지 계곡 가, 숲 가장자리

앞날개에 노란색 무늬들이 있어
다른 거품벌레류와 구별된다.

종아리마디 대부분이 주황색이다.

거품벌레 | 몸길이: 9~11mm / 나타나는 때: 5~10월 / 먹이: 식식성(버드나무류, 벚나무류 즙) / 보이는 곳: 냇가, 공원, 계곡 가, 숲 가장자리

앞날개 기부는 황갈색이고, 뒷부분은
흑갈색이어서 다른 거품벌레류와 구별된다.

노랑무늬거품벌레 | 몸길이: 12~13mm / 나타나는 때: 6~10월 / 먹이: 식식성(버드나무류, 느릅나무 즙) / 보이는 곳: 냇가, 계곡 가, 숲 가장자리

앞날개에 검은 무늬가 있어 얼룩져 보인다.

앞날개 뒷부분에 황백색 점무늬가 뚜렷해 거품벌레와 구별된다.

갈잎거품벌레 | 몸길이: 10~11mm / 나타나는 때: 7~11월 / 먹이: 식식성(벼과식물 이삭 즙) / 보이는 곳: 갯벌 풀밭, 냇가

머리에서 작은방패판까지 연한 황갈색 줄무늬가 있다.

겹눈이 약간 튀어나왔다.

날개맥이 연한 황갈색으로 매우 뚜렷하다.

흰띠거품벌레

| 몸길이: 9~12㎜ / 나타나는 때: 6~10월 / 먹이: 식식성(버드나무류, 벚나무류, 국화류 즙) / 보이는 곳: 냇가, 계곡 가, 숲 가장자리

앞날개에 넓고 흰 띠무늬가 있어 다른 거품벌레류와 구별된다.

귀매미

몸길이: 14~18mm / 나타나는 때: 5~10월 / 먹이: 식식성(참나무류, 귤나무류, 배나무류 즙) / 보이는 곳: 논밭, 산지 계곡 가, 숲 가장자리

앞가슴등판 옆모서리가 귀 모양으로 커서
다른 매미충류와 구별된다.

금강산귀매미

몸길이: 11~14mm / 나타나는 때: 7~10월 / 먹이: 식식성(참나무류, 칡 즙) / 보이는 곳: 산지 계곡 가, 숲 가장자리

앞가슴등판 옆모서리가 뾰족하며,
분홍색이어서 귀매미와 구별된다.

등줄버들머리매미충 | 몸길이: 6㎜ 내외 / 나타나는 때: 4~10월 / 겨울나기: 어른벌레(나무껍질 속) / 먹이: 식식성(버드나무류, 오리나무류 즙) / 보이는 곳: 냇가, 습지

작은방패판 앞쪽에 'W'자 검은 무늬가 있다.

앞날개 중간 및 뒷부분에 흰색 날개맥부가 있다.

지리산말매미충 | 몸길이: 수컷 7㎜ 내외, 암컷 8㎜ 내외 / 나타나는 때: 5~9월 / 먹이: 식식성 (참나무류, 가시나무류 즙) / 보이는 곳: 숲 가장자리

암컷은 전체적으로 황갈색이고 날개가 짧다.

수컷은 전체적으로 흑갈색이고, 앞가슴등판
뒤쪽에 가늘고 노란 띠무늬가 있다.

끝검은말매미충

| 몸길이: 11~14mm / 나타나는 때: 3~10월 / 겨울나기: 어른벌레(낙엽 밑) / 먹이: 식식성(벚나무류, 뽕나무류, 산딸기류 즙) / 보이는 곳: 논밭, 냇가, 숲 가장자리

앞가슴등판과 작은방패판의 검은색 점무늬가 삼각형을 이룬다.

앞날개 끝부분이 흑청색이다.

말매미충

| 몸길이: 8~10mm / 나타나는 때: 4~11월 / 먹이: 식식성(국화과, 콩과, 버드나무류 즙) / 보이는 곳: 논밭, 냇가, 습지, 숲 가장자리

전체적으로 녹색이며, 날개맥이 암녹색이어서 줄무늬처럼 보인다.

더듬이 앞쪽에 작고 검은 세모 무늬가 있다.

제비말매미충

몸길이: 6~7mm / 나타나는 때: 5~9월 / 먹이: 식식성(쑥류, 질경이 즙) / 보이는 곳: 숲 가장자리, 산지 풀밭

작은방패판이 흰색이다.

전체적으로 군청색 또는 흑청색이다.

앞날개 후연 가운데에 삼각형으로 투명한 막질부가 무늬처럼 있다.

화창한 날, 날개를 편 모습

끝동매미충

몸길이: 수컷 4~5mm, 암컷 6mm 내외 / 나타나는 때: 6~10월 / 겨울나기: 3, 4령 애벌레(논둑, 냇물 둑) / 먹이: 식식성(귤나무류, 콩류, 벼과식물 즙) / 보이는 곳: 논밭, 냇가, 습지, 묵힌 땅

앞날개 끝부분이 흑청색이어서 끝검은말매미충과 닮았으나,
앞가슴등판과 작은방패판에 검은색 점무늬가 없어 구별된다.

꼭지매미충

몸길이: 3~4㎜ / 나타나는 때: 6~10월 / 먹이: 식식성(보리를 비롯한 벼과 식물 즙) / 보이는 곳: 논밭, 냇가, 습지, 묵힌 땅

작은방패판 앞가장자리에 흑청색 삼각형 무늬가 있다.

날개맥이 뚜렷하다.

머리 정수리에 작고 검은 점무늬가 있다.

신부날개매미충 | 몸길이: 9mm 내외 / 나타나는 때: 7~9월 / 알 낳기: 식물의 줄기나 껍질 속 / 먹이: 식식성(칡 즙) / 보이는 곳: 논밭, 냇가, 숲 가장자리

전연을 제외하고 앞날개에 특별한 무늬가 없다.

부채날개매미충 | 몸길이: 9~10mm / 나타나는 때: 7~9월 / 먹이: 식식성(감나무, 뽕나무류, 벚나무류 즙) / 보이는 곳: 논밭, 숲 가장자리

신부날개매미충과 매우 비슷하나, 앞날개 외연의 검은 테두리가 뚜렷해 구별된다.

일본날개매미충

몸길이: 9mm 내외 / 나타나는 때: 7~9월 / 먹이: 식식성(단풍나무류, 벚나무류 즙) / 보이는 곳: 논밭, 숲 가장자리

신부날개매미충과 비슷하나, 앞날개 기부와 가운데부분을 가로지르는 무늬가 있어 막질부가 흰 띠무늬 2개로 보인다.

남쪽날개매미충

몸길이: 6mm 내외 / 나타나는 때: 8~9월 / 먹이: 식식성(귤나무류, 칡 즙) / 보이는 곳: 논밭, 숲 가장자리

크기가 작고, 앞날개 가운데부분을 가로지르는 흑갈색 띠무늬가 있어 다른 날개매미충 무리와 구별된다.

갈색날개매미충

몸길이: 13㎜ 내외 / 나타나는 때: 7~11월 / 먹이: 식식성(감나무, 사과나무, 봉숭아 즙) / 보이는 곳: 논밭, 공원, 숲 가장자리

앞날개

크기가 크고 앞날개 전연 뒷부분에 황백색 무늬가 있다. 몸 색깔은 대개 흑갈색을 띠나 개체마다 차이가 있다.

앞날개

뒷날개가 거의 삼각형이다.

주홍긴날개멸구

몸길이: 머리-배 끝 4mm 내외, 머리-날개 끝 9mm 내외 / 나타나는 때: 7~9월 / 먹이: 식식성(벼과식물, 감자 즙) / 보이는 곳: 논밭, 냇가

몸이 전체적으로 주홍색이고, 날개에 특별한 무늬가 없어 다른 긴날개멸구류와 구별된다.

깨다시긴날개멸구

몸길이: 머리-배 끝 3.5mm 내외, 머리-날개 끝 8.5mm 내외 / 나타나는 때: 7~9월 / 먹이: 식식성(단풍나무류, 고로쇠나무류 즙) / 보이는 곳: 숲 가장자리, 공원

날개에 흑갈색 무늬가 복잡하게 있어 다른 긴날개멸구류와 구별된다.

끝빨간긴날개멸구

몸길이: 머리-배 끝 6㎜ 내외, 머리-날개 끝 17㎜ 내외 / 나타나는 때: 6~9월 / 먹이: 식식성(소나무류 즙) / 보이는 곳: 숲 가장자리, 공원

앞날개 전연의 적갈색 무늬 가장자리가
물결 모양이어서 무늬긴날개멸구와 구별된다.

풀멸구

몸길이: 6㎜ 내외 / 나타나는 때: 5~10월 / 먹이: 식식성(벼과식물 즙) / 보이는 곳: 논밭, 냇가, 습지

몸이 전체적으로 황록색이며, 날개맥이 뚜렷하다.

날개 시정부가 흑갈색이다.

일본멸구

몸길이: 5~6㎜ / 나타나는 때: 3~10월 / 먹이: 식식성(억새를 비롯한 벼과식물, 조릿대류 즙) / 보이는 곳: 논밭, 냇가, 습지, 숲 가장자리

머리부터 앞날개의 전연 끝까지 황백색이어서 위에서 보면 줄무늬처럼 보인다.

선녀벌레

몸길이: 11mm 내외 / 나타나는 때: 6~8월 / 겨울나기: 알 / 먹이: 식식성(단풍나무류, 밤나무류, 벚나무류 즙) / 보이는 곳: 논밭, 숲 가장자리

전체적으로 연한 초록색이다.

앞날개 가장자리가 분홍색이다.

날개맥이 그물 모양이다.

봉화선녀벌레

몸길이: 5~6mm / 나타나는 때: 8~10월 / 먹이: 식식성(벼과식물 이삭 즙) / 보이는 곳: 논밭, 바닷가 풀밭, 숲 가장자리

머리가 앞으로 길게 튀어나왔다.

날개에 작고 흰 돌기가 흩어져 있으며 끝이 뾰족하다.

미국선녀벌레

몸길이: 6~8㎜ / 나타나는 때: 6~9월 / 겨울나기: 알 / 먹이: 식식성(참나무류, 감나무, 배나무 즙 등) / 보이는 곳: 논밭, 공원, 도시 가로수, 숲 가장자리

앞날개 기부 쪽에 검은 점이 있다.

무리지어 먹이식물의 즙을 빤다.

꽃매미

몸길이: 머리-배 끝 14~15㎜, 날개 편 길이 40~50㎜ / 나타나는 때: 7~11월 / 겨울나기: 알 / 먹이: 식식성(포도나무, 사과나무, 가죽나무 즙 등) / 보이는 곳: 논밭, 가로수 및 조경수, 냇가, 숲 가장자리

머리가 편평하고 튀어나와 위쪽을 향한다.

앞날개 아외연부에 짧고 가는 줄무늬들이 줄지어 있다.

뒷날개 기부는 붉은색이며 검은 점무늬가 있다.

앞날개에 검은 점무늬가 있다.

희조꽃매미

몸길이: 머리-배 끝 10㎜ 내외, 날개 편 길이 30㎜ 내외 / 나타나는 때: 8~10월 / 먹이: 식식성 / 보이는 곳: 산림, 숲 가장자리

앞날개 가운데부분에 검은 무늬가 넓게 퍼져 있어 꽃매미와 구별된다.

뒷날개 기부는 붉은색이고 외연부는 흑갈색이다.

상투벌레

몸길이: 13~14㎜ / 나타나는 때: 5~10월 / 겨울나기: 알 / 먹이: 식식성(벼과식물, 뽕나무류, 귤나무류 즙) / 보이는 곳: 논밭, 냇가, 숲 가장자리

머리가 앞으로 길게 튀어나왔다.

작은방패판의 융기선이 뚜렷해 줄무늬로 보인다.

깃동상투벌레

몸길이: 11~13㎜ / 나타나는 때: 8~9월 / 겨울나기: 알 / 먹이: 식식성(칡, 예덕나무류 즙) / 보이는 곳: 논밭, 냇가, 숲 가장자리

상투벌레와 달리 머리 앞부분이 튀어나오지 않았고, 앞날개 끝부분에 흑갈색 무늬가 있어 구별된다.

말매미

몸길이: 머리-배 끝 44㎜ 내외, 머리-날개 끝 65㎜ 내외 / 나타나는 때: 6~9월 / 먹이: 식식성(버드나무류, 밤나무류, 배나무류 즙) / 보이는 곳: 냇가, 도시 가로수 및 조경수, 논밭, 숲 가장자리

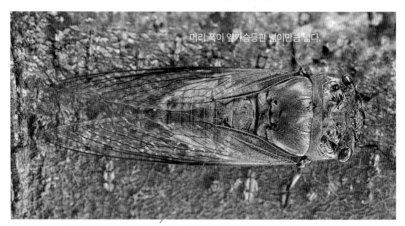

머리 폭이 앞가슴등판 넓이만큼 넓다.

날개돋이한 지 얼마 안 된 개체는 몸에 금빛 가루가 있다.

유지매미

몸길이: 머리-배 끝 36㎜ 내외, 머리-날개 끝 55㎜ 내외 / 나타나는 때: 7~9월 / 먹이: 식식성(소나무류, 참나무류, 단풍나무류 즙) / 보이는 곳: 야산, 가로수 및 조경수

날개가 투명하지 않고 가죽 같다.

소요산매미

| 몸길이: 머리-배 끝 20~33㎜, 머리-날개 끝 35~42㎜ / 나타나는 때: 5~8월 / 먹이: 식식성(참나무류 즙) / 보이는 곳: 약간 높은 산지, 시골 마을

수컷의 배는 원통형으로 크며 황갈색이다.

쓰름매미

| 몸길이: 25~33㎜ / 나타나는 때: 6~9월 / 먹이: 식식성(귤나무류, 뽕나무류, 배나무류 즙) / 보이는 곳: 야산, 시골 마을

마지막 배마디 윗면이 흰색이어서 다른 매미류와 구별된다.

애매미

몸길이: 26~30㎜ / 나타나는 때: 7~10월 / 먹이: 식식성(버드나무류, 벚나무류 즙) / 보이는 곳: 야산, 가로수 및 조경수, 시골 마을

쓰름매미와 매우 비슷하나 마지막 배마디 윗면이
흰색을 띠지 않아 구별된다.

참매미

몸길이: 35㎜ 내외 / 나타나는 때: 7~10월 / 먹이: 식식성(벚나무류, 뽕나무류, 야광나무류 즙) / 보이는 곳: 야산, 가로수 및 조경수, 시골 마을

배 양옆에 녹색과 흰색이 어우러진 큰 무늬가 있다.

털매미

몸길이: 24㎜ 내외 / 나타나는 때: 6~9월 / 먹이: 식식성(감나무류, 벚나무류, 뽕나무류, 배나무류 즙) / 보이는 곳: 야산, 가로수 및 조경수, 시골 마을

뒷날개 외연을 제외하고 전체적으로 검다.

앞날개 무늬는 나무껍질과 비슷하며, 늦털매미에 비해 아외연부의 흑갈색 무늬가 크다.

늦털매미

몸길이: 23㎜ 내외 / 나타나는 때: 8월 말~11월 초(어른벌레) / 먹이: 식식성(밤나무류, 벚나무류, 참나무류 즙) / 보이는 곳: 야산, 시골 마을

몸의 흰 털이 털매미의 것보다 더 길다.

뒷날개 대부분이 노란색이어서 털매미와 구별된다.

털매미에 비해 아외연부에 흑갈색 무늬가 없다.

대륙뱀잠자리
(뱀잠자리과)

몸길이: 머리-배 끝 40~50㎜, 날개 편 길이 80~90㎜ / 나타나는 때: 6~8월 / 보이는 곳: 냇가, 계곡

앞날개에 흑갈색 점무늬가 흩어져 있어 뱀잠자리와 구별된다.

앞가슴등판은 길고 황갈색이다.

흰띠풀잠자리
(풀잠자리과)

몸길이: 머리-배 끝 10~12㎜, 날개 길이 12~14㎜ / 나타나는 때: 5~10월 / 보이는 곳: 냇가, 논밭, 숲 가장자리

머리에서 배 끝까지 등 쪽 부분이 연황색이다.

갑오풀잠자리
(풀잠자리과)

몸길이: 머리-배 끝 10~11㎜, 날개 길이 11~12㎜ / 나타나는 때: 5~9월 / 보이는 곳: 냇가, 논밭, 공원

머리 정수리 부분에 작고 검은 점이 3개 있어
칠성풀잠자리와 구별된다.

칠성풀잠자리
(풀잠자리과)

몸길이: 머리-배 끝 14~15㎜, 날개 길이 18~20㎜ / 나타나는 때: 5~10월 / 먹이: 육식성(진딧물류) / 보이는 곳: 냇가, 논밭, 공원

머리 정수리 부분에 검은 점이 1개 있고,
겹눈 앞쪽 뺨 양쪽에 검은 점이 3개씩 있다.

사마귀붙이
(사마귀붙이과)

몸길이: 15~20mm / 나타나는 때: 6~9월 / 먹이: 육식성(작은 곤충) / 보이는 곳: 산지 계곡 가, 숲 가장자리

가슴이 노란색이어서 애사마귀붙이와 구별된다.

연문이 주황색이다.

앞다리가 사마귀 앞다리와 매우 닮았다.

애사마귀붙이
(사마귀붙이과)

몸길이: 14~16mm / 나타나는 때: 5~9월 / 먹이: 육식성(작은 곤충) / 보이는 곳: 산지 계곡 가, 숲 가장자리

가슴이 적갈색 또는 암갈색이어서 사마귀붙이와 구별된다.

명주잠자리
(명주잠자리과)

몸길이: 40㎜ 내외 / 나타나는 때: 6~10월 / 먹이: 육식성(모기를 비롯한 작은 곤충) / 보이는 곳: 숲 가장자리, 야산, 시골 마을 주변

날개가 길며, 연문이 흰색이다.

애명주잠자리와 비슷하나, 크기가 크고 다리와 가슴 아랫부분이 대부분 노란색이어서 구별된다.

애명주잠자리
(명주잠자리과)

몸길이: 30㎜ 내외 / 나타나는 때: 6~8월 / 보이는 곳: 숲 가장자리, 야산, 시골 마을 주변

크기가 작고, 가슴 아랫부분이 검은색이어서 명주잠자리와 구별된다.

별박이명주잠자리
(명주잠자리과) | 몸길이: 30~35mm / 나타나는 때: 7~9월 / 보이는 곳: 숲 가장자리, 야산, 시골 마을 주변

앞날개 후연 가운데부분에
짧은 갈색 무늬가 있다.

밤에 활발하나 낮에도 풀숲이나 관목림에 앉아 있는
모습이 종종 보인다.

애알락명주잠자리
(명주잠자리과) | 몸길이: 20mm 내외 / 나타나는 때: 6~9월 / 보이는 곳: 산지 계곡 가, 습한 숲 가장자리

앞날개 외연부에 갈색 무늬가 있어
별박이명주잠자리와 구별된다.

머리에서 배 끝까지 암갈색 줄무늬가 있다.

왕명주잠자리
(명주잠자리과)

| 몸길이: 45mm 내외 / 나타나는 때: 8~9월 / 보이는 곳: 바닷가 주변

크기가 매우 크고
배에 황백색 띠무늬가 있다.

노랑뿔잠자리
(뿔잠자리과)

| 몸길이: 25mm 내외 / 나타나는 때: 4~6월 / 먹이: 육식성(모기를 비롯한 작은 곤충) / 보이는 곳: 야산 풀밭, 묘지, 시골 마을 주변

뒷날개에 노란색 무늬가 있어 뿔잠자리와 구별된다.

뿔잠자리
(뿔잠자리과)

몸길이: 30㎜ 내외 / 나타나는 때: 5~9월 / 먹이: 육식성(모기를 비롯한 작은 곤충) / 보이는 곳: 야산 풀밭, 숲 가장자리, 시골 마을 주변

머리에서 배 끝까지 노란색 줄무늬가 있다.

더듬이가 매우 길고, 가슴 옆면에 굵은 띠가 있다.

길앞잡이

| 몸길이: 20~21mm / 나타나는 때: 4~10월 / 먹이: 육식성(작은 곤충 및 거미류) / 보이는 곳: 산길, 숲 가장자리의 나대지

전체적으로 금속성 광택이 나는
화려한 색상이어서 구별된다.

아이누길앞잡이

| 몸길이: 16~17mm / 나타나는 때: 4~6월 / 먹이: 육식성(작은 곤충) / 보이는 곳: 논밭, 냇가, 강가, 산길

참길앞잡이보다 크고 딱지날개의 무늬가
상대적으로 작고 다르다.

참길앞잡이

몸길이: 10~13㎜ / 나타나는 때: 3~10월 / 먹이: 육식성(작은 곤충) / 보이는 곳: 강가, 냇가, 바닷가

아이누길앞잡이보다 작고, 딱지날개의 무늬가 상대적으로 크고 다르다.

산길앞잡이

몸길이: 15~20㎜ / 나타나는 때: 5~8월 / 먹이: 육식성(작은 곤충) / 보이는 곳: 비교적 높은 산지

아이누길앞잡이와 비슷하나, 딱지날개의 무늬가 작고, 끝부분의 무늬가 다르다. 사는 곳이 높은 산지일수록 푸른빛이 강하다.

강변길앞잡이

몸길이: 15~17㎜ / 나타나는 때: 6~8월 / 먹이: 육식성(작은 곤충) / 보이는 곳: 강가 모래밭

강가 모래밭에서 살며, 딱지날개는 바탕이 황백색이며 암갈색 무늬가 있다.

큰무늬길앞잡이

몸길이: 15~17㎜ / 나타나는 때: 5~8월 / 먹이: 육식성(작은 곤충) / 보이는 곳: 바닷가 모래밭

바닷가 모래밭에서 살며, 딱지날개 가운데부분의 무늬가 매우 크고 두껍다.

수컷

암컷

꼬마길앞잡이

| 몸길이: 8~10㎜ / 나타나는 때: 6~9월 / 먹이: 육식성(작은 곤충) / 보이는 곳: 냇가, 강가, 바닷가

길앞잡이 무리 중 가장 작고,
딱지날개에 가는 띠무늬가 있다.

쇠길앞잡이

| 몸길이: 12~13㎜ / 나타나는 때: 6~8월 / 먹이: 육식성(작은 곤충) / 보이는 곳: 냇가, 습지, 논 주변

꼬마길앞잡이와 비슷하나 딱지날개 가운데부분의
가는 띠무늬가 끊어진다.

흰테길앞잡이 | 몸길이: 9~12㎜ / 나타나는 때: 6~8월 / 먹이: 육식성(작은 곤충) / 보이는 곳: 바닷가, 갯벌 및 염전 주변

딱지날개에 무늬가 없고, 가장자리를 따라 흰 띠무늬가 연속된다.

노랑선두리먼지벌레 | 몸길이: 13~17㎜ / 나타나는 때: 5~10월 / 먹이: 육식성(작은 곤충) / 보이는 곳: 냇가, 강가, 습지

앞가슴등판, 다리, 딱지날개 가장자리가 노란색이다.

조롱박먼지벌레

몸길이: 15~20㎜ / 나타나는 때: 6~10월 / 먹이: 육식성(작은 곤충) / 보이는 곳: 바닷가 모래밭

앞가슴등판 앞 모서리가 튀어나왔고, 배가 짧아 큰조롱박먼지벌레와 구별된다.

큰조롱박먼지벌레

몸길이: 28~38㎜ / 나타나는 때: 5~8월 / 먹이: 육식성(작은 곤충) / 보이는 곳: 바닷가 모래밭

조롱박먼지벌레보다 크고 딱지날개가 길쭉하다.

딱정벌레붙이 | 몸길이: 20~24mm / 나타나는 때: 6~8월 / 먹이: 육식성(작은 곤충) / 보이는 곳: 바닷가 및 강가의 모래밭

다리의 종아리마디가 흰색이고, 앞가슴등판 가장자리가 뒤쪽으로 갈수록 넓어진다.

가슴털머리먼지벌레 | 몸길이: 19~20mm / 나타나는 때: 6~9월 / 보이는 곳: 냇가, 논밭, 숲 가장자리

머리가 넓다.

딱지날개에는 황금색 잔털이 있다.

등빨간먼지벌레 | 몸길이: 16~20㎜ / 나타나는 때: 5~10월 / 보이는 곳: 냇가, 습지, 논밭, 숲 가장자리

딱지날개 후연이 붉은색 또는 노란색이어서
등 가운데에 무늬가 있는 것처럼 보인다.

끝무늬먼지벌레 | 몸길이: 14mm 내외 / 나타나는 때: 5~8월 / 먹이: 육식성(작은 곤충 및 거미) / 보이는 곳: 숲 가장자리, 논밭

녹색무늬먼지벌레와 비슷하나, 딱지날개에
검은색이 강하고 끝부분의 노란색 무늬가 다르다.

풀색먼지벌레 | 몸길이: 17mm 내외 / 나타나는 때: 5~10월 / 먹이: 육식성(작은 곤충 및 지렁이) / 보이는 곳: 논밭, 냇가, 습지, 숲 가장자리

딱지날개 전체가 초록색이다.

큰털보먼지벌레 | 몸길이: 19~21mm / 나타나는 때: 4~10월 / 먹이: 잡식성(작은 곤충, 배설물) / 보이는 곳: 숲 가장자리, 논밭, 냇가

딱지날개 앞쪽과 뒷부분에 노란색 무늬가 1쌍씩 있다.

두점박이먼지벌레 | 몸길이: 12~13mm / 나타나는 때: 5~10월 / 먹이: 육식성(죽은 곤충) / 보이는 곳: 논밭, 숲 가장자리

딱지날개 앞부분에 노란색 점무늬가 있다.

폭탄먼지벌레

| 몸길이: 11~18mm / 나타나는 때: 4~9월 / 먹이: 잡식성(작은 곤충, 사체) / 보이는 곳: 논밭, 습지, 냇가

남방폭탄먼지벌레와 비슷하나, 머리에 검은색 무늬가 있고, 딱지날개 가운데의 노란색 무늬가 물결 모양을 이루지 않아서 구별된다.

풀색명주딱정벌레

| 몸길이: 19~24mm / 나타나는 때: 4~9월 / 먹이: 잡식성(나비목 애벌레, 나무 진) / 보이는 곳: 숲 가장자리

검정명주딱정벌레와 비슷하나, 딱지날개 가장자리에 녹색 빛이 돌아 구별된다.

멋쟁이딱정벌레

몸길이: 25~40㎜ / 나타나는 때: 5~8월 / 먹이: 잡식성(지렁이, 곤충 사체, 체액) / 보이는 곳: 숲 가장자리

앞가슴등판과 딱지날개
가장자리는 적동색이고,
딱지날개에 길쭉한 점각이
있어 홍단딱정벌레와 구별된다.

홍단딱정벌레

몸길이: 30~45㎜ / 나타나는 때: 5~9월 / 먹이: 육식성(지렁이, 곤충 사체) / 보이는 곳: 숲 가장자리

몸 색깔은 개체마다 차이가 있으나
대개 붉은색이고, 딱지날개에는
작은 돌기가 7줄을 이룬다.

곰보송장벌레

몸길이: 8~12mm / 나타나는 때: 3~10월 / 겨울나기: 어른벌레(돌 밑) / 먹이: 부식성(죽은 물고기, 동물 배설물) / 보이는 곳: 바닷가, 냇가

각 딱지날개의 세로 융기선 사이에 작은 돌기들이 명암을 이루어 얼룩져 보인다.

네눈박이송장벌레

몸길이: 12~16mm / 나타나는 때: 4~10월 / 겨울나기: 어른벌레(나무껍질 밑) / 먹이: 잡식성(나비목 애벌레 포식, 체액) / 보이는 곳: 활엽수 숲

앞가슴등판 가운데부분이 검은색이다.

딱지날개 앞부분과 가운데부분에 검은 점무늬가 있다.

큰넓적송장벌레

몸길이: 11~23㎜ / 나타나는 때: 5~8월 / 겨울나기: 어른벌레(나무껍질 밑, 땅속) / 먹이: 잡식성(나비목 애벌레, 동물 사체, 음식물 찌꺼기) / 보이는 곳: 숲 가장자리, 공원

넓적송장벌레와 닮았으나, 더 크고
딱지날개의 바깥 세로 융기선이 짧아
그 끝이 튀어나와 보이므로 구별된다.

대모송장벌레

몸길이: 18~25㎜ / 나타나는 때: 5~9월 / 겨울나기: 어른벌레(나무껍질, 땅속) / 먹이: 부식성(죽은 물고기, 동물 사체) / 보이는 곳: 바닷가, 냇가, 논밭, 숲 가장자리

큰넓적송장벌레와 닮았으나,
앞가슴등판이 주황색 또는
등황색이어서 구별된다.

큰수중다리송장벌레 | 몸길이: 15~25㎜ / 나타나는 때: 5~9월 / 먹이: 부식성(동물 사체) / 보이는 곳: 숲 가장자리, 계곡 가, 논밭

수중다리송장벌레와 닮았으나, 더듬이 끝 3마디가 황갈색이어서 구별된다.

수중다리송장벌레 | 몸길이: 15~20㎜ / 나타나는 때: 6~9월 / 먹이: 부식성(동물 사체) / 보이는 곳: 숲 가장자리, 계곡 가, 논밭

큰수중다리송장벌레와 닮았으나, 더듬이가 전체적으로 검은색이어서 구별된다.

몸 색깔은 개체마다 차이가 있으며, 검은색 또는 노란색이다.

검정송장벌레

몸길이: 30~40㎜ / 나타나는 때: 5~10월 / 겨울나기: 어른벌레(땅 속) / 먹이: 부식성(동물 사체) / 보이는 곳: 숲 가장자리, 계곡

송장벌레 무리 중 가장 크며,
겹눈이 매우 크고 더듬이 끝이 노란색이다.

꼬마검정송장벌레

몸길이: 14~17㎜ / 나타나는 때: 7~9월 / 먹이: 부식성(동물 사체) / 보이는 곳: 숲 가장자리, 계곡

더듬이가 전체적으로
검은색이다.

딱지날개가 짧아 배 끝부분이 크게 드러났다.

이마무늬송장벌레 | 몸길이: 15~25mm / 나타나는 때: 4~10월 / 먹이: 부식성(동물 사체) / 보이는 곳: 숲 가장자리, 논밭

딱지날개 앞쪽과 끝 쪽에 거치가 심한 주황색 무늬가 있으며, 앞쪽 무늬에는 검은 점이 들어 있다.

넉점박이송장벌레 | 몸길이: 14~21mm / 나타나는 때: 4~10월 / 먹이: 부식성(동물 사체) / 보이는 곳: 숲 가장자리

이마무늬송장벌레와 매우 비슷하나, 딱지날개 앞쪽뿐만 아니라 뒤쪽 주황색 무늬 안에도 검은 점이 있어 구별된다.

사슴벌레

큰턱에서 딱지날개 끝까지 길이: 수컷 26~70㎜, 암컷 23~40㎜ / 나타나는 때: 5~8월 / 보이는 곳: 울창한 참나무 숲

다리에 노란색 줄무늬가 있다.

머리 뒤쪽이
코끼리 귀처럼 넓다.

넓적사슴벌레

큰턱에서 딱지날개 끝까지 길이: 수컷 20~87㎜, 암컷 20~45㎜ / 나타나는 때: 5~8월 / 보이는 곳: 울창한 참나무 숲, 과수원 주변

큰턱이 거의 직선이며,
기부 근처에 큰 돌기가 있다.

머리방패 중앙이 깊게 파여 있다.

참넓적사슴벌레 | 큰턱에서 딱지날개 끝까지 길이: 수컷 19~54㎜, 암컷 19~35㎜ / 나타나는 때: 6~9월 / 보이는 곳: 참나무 숲, 시골 마을 및 과수원 주변

넓적사슴벌레와 닮았으나,
큰턱이 둥글게 굽어서 구별된다.

왕사슴벌레 | 큰턱에서 딱지날개 끝까지 길이: 수컷 27~76㎜, 암컷 25~45㎜ / 나타나는 때: 7~8월 / 보이는 곳: 울창한 참나무 숲

넓적사슴벌레와 닮았으나,
큰턱 안쪽에 큰 돌기가 있다.

톱사슴벌레

큰턱에서 딱지날개 끝까지 길이: 수컷 22~75㎜, 암컷 23~37㎜ / 나타나는 때: 6~9월 / 보이는 곳: 울창한 참나무 숲

큰턱이 앞쪽으로 굽어서 구별된다.

애사슴벌레

큰턱에서 딱지날개 끝까지 길이: 수컷 17~53㎜, 암컷 12~30㎜ / 나타나는 때: 6~9월 / 보이는 곳: 참나무 숲, 시골 마을 주변

크기가 작고, 큰턱 중앙부 안쪽에 큰 돌기가 있다.

다우리아사슴벌레 | 큰턱에서 딱지날개 끝까지 길이: 수컷 11~38㎜, 암컷 12~24㎜ / 나타나는 때: 7~9월 / 보이는 곳: 참나무 숲

큰턱 안쪽 면에 작은 이빨 모양의 돌기가 줄지어 있다.

홍다리사슴벌레 | 큰턱에서 딱지날개 끝까지 길이: 수컷 18~58㎜, 암컷 19~40㎜ / 나타나는 때: 7~9월 / 보이는 곳: 참나무 숲

각 다리의 넓적마디가 붉은색이다.

뿔소똥구리

│ 몸길이: 20~28㎜ / 나타나는 때: 4~10월 / 먹이: 동물 배설물(소똥, 말똥) /
│ 보이는 곳: 소나 말 방목장 주변

머리에 상아 모양인 긴 뿔이 있으며, 앞가슴등판 양옆과 위쪽에
삼각형 돌기가 4개 있다. 앞다리 종아리마디의 거치가 3개다.

애기뿔소똥구리

│ 몸길이: 13~19㎜ / 나타나는 때: 4~11월 / 먹이: 동물 배설물(소똥, 말똥, 염
│ 소똥) / 보이는 곳: 소, 말, 염소 방목장

뿔소똥구리와 비슷하나 크기가 작고, 머리의 뿔이 짧으며,
앞다리 종아리마디의 거치가 4개다.

렌지소똥풍뎅이 | 몸길이: 6~12㎜ / 나타나는 때: 4~11월 / 먹이: 동물 배설물(소똥, 말똥) / 보이는 곳: 소나 말 방목장

앞가슴등판 양 가장자리가 튀어나와서 구별된다.

머리방패가 앞으로 늘어나 입틀을 완전히 덮는다.

소요산소똥풍뎅이 | 몸길이: 7~11㎜ / 나타나는 때: 6~10월 / 먹이: 동물 배설물(소똥, 말똥, 사람 똥, 개똥) / 보이는 곳: 동물 배설물

딱지날개가 황갈색이고, 검은색 무늬가 있다.

꼬마곰보소똥풍뎅이

몸길이: 4~6㎜ / 나타나는 때: 5~9월 / 먹이: 동물 배설물(개똥, 소똥) / 보이는 곳: 동물 배설물

꼬마외뿔소똥풍뎅이와 비슷하나, 머리방패 앞부분이 깊게 파여서 구별된다.

보라금풍뎅이

몸길이: 16~22㎜ / 나타나는 때: 5~10월 / 겨울나기: 어른벌레(돌 밑) / 먹이: 동물 배설물, 곰팡이 / 보이는 곳: 산지의 활엽수 숲

몸은 금속성 광택이 나는 흑자색이다.

딱지날개에 깊게 파인 세로 줄이 있다.

주황긴다리풍뎅이 | 몸길이: 7~10㎜ / 나타나는 때: 4~9월 / 먹이: 식식성(물푸레나무, 사시나무) / 보이는 곳: 낮은 산지, 숲 가장자리, 밤나무 꽃

전체적으로 비늘이 덮여 있고, 다리가 길다.
딱지날개 뒤쪽에 흑갈색 무늬가 뚜렷하다.

점박이긴다리풍뎅이 | 몸길이: 7~8㎜ / 나타나는 때: 4~9월 / 먹이: 식식성(배나무, 사과나무) / 보이는 곳: 낮은 산지, 묘목을 기르는 곳, 과수원

주황긴다리풍뎅이와 비슷하나, 황록색 바탕에
검은색 점무늬들이 있어 구별된다.

황갈색줄풍뎅이

몸길이: 11~14mm / 나타나는 때: 4~9월 / 먹이: 식식성 / 보이는 곳: 낮은 산지, 숲 가장자리

머리방패가 넓으며, 가운데부분이 깊이 파여서 둥근 앞 2개로 보인다.

큰검정풍뎅이

몸길이: 17~22mm / 나타나는 때: 4~10월 / 먹이: 식식성(사과나무, 벚나무, 밤나무) / 보이는 곳: 낮은 산지, 숲 가장자리, 논밭

전체적으로 장타원형이며 광택이 거의 없고, 앞가슴등판에 작은 점각이 빽빽하다.

쌍색풍뎅이

몸길이: 15~18mm / 나타나는 때: 5~10월 / 먹이: 식식성(사과나무) / 보이는 곳: 산지 및 숲 가장자리

더듬이는 황갈색.
앞가슴등판은 적갈색이다.

왕풍뎅이

몸길이: 26~33mm / 나타나는 때: 5~10월 / 먹이: 식식성(참나무류, 사과나무, 복숭아나무) / 보이는 곳: 참나무가 많은 산지 및 숲 가장자리, 논밭

앞다리 종아리마디의 외치는 3개이나
맨 위쪽 돌기는 흔적만 있다.

검정풍뎅이 무리 중 가장 크며,
몸에 매우 짧은 털이 빽빽하다.

줄우단풍뎅이 | 몸길이: 6~8mm / 나타나는 때: 4~9월 / 먹이: 식식성(참나무류) / 보이는 곳: 참나무가 많은 산지 및 숲 가장자리, 논밭

앞가슴등판과 딱지날개에 주황색 줄무늬가 있으나 개체에 따라 차이가 크다.

빨간색우단풍뎅이 | 몸길이: 8~9mm / 나타나는 때: 3~10월 / 먹이: 식식성(참나무류) / 보이는 곳: 참나무가 많은 산지 및 숲 가장자리

몸과 다리는 적갈색이며, 강모가 드문드문 있다.

장수풍뎅이

몸길이: 35~85㎜ / 나타나는 때: 5~8월 / 먹이: 식식성(상수리나무) / 보이는 곳: 참나무 숲

수컷 머리와 앞가슴등판에 사슴뿔 모양 돌기가 있다.

암컷 앞가슴등판에 'Y'자 모양 홈이 있다.

외뿔장수풍뎅이

몸길이: 18~24㎜ / 나타나는 때: 5~9월 / 먹이: 잡식성(곤충 체액, 수액, 버섯) / 보이는 곳: 참나무 숲

앞가슴등판 가운데가 움푹 파였다.

머리에 난 뿔은 작다.

주둥무늬차색풍뎅이

몸길이: 8~14㎜ / 나타나는 때: 4~11월 / 먹이: 식식성(애벌레_잔디 뿌리, 어른벌레_오리나무, 포도나무 잎) / 보이는 곳: 낮은 산지, 숲 가장자리

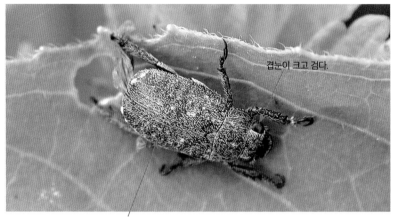

겹눈이 크고 검다.

온몸에 황백색 긴 털이 빽빽하다.

쇠털차색풍뎅이

몸길이: 9~12㎜ / 나타나는 때: 4~9월 / 먹이: 식식성(활엽수 잎) / 보이는 곳: 낮은 산지, 숲 가장자리

주둥무늬차색풍뎅이와 비슷하나, 머리가 흑갈색이어서 구별된다.

참콩풍뎅이

몸길이: 10~15mm / 나타나는 때: 4~10월 / 먹이: 식식성(참나무류, 느릅나무) / 보이는 곳: 낮은 산지, 숲 가장자리, 논밭

딱지날개의 무늬가 개체마다 차이가 난다.

미절판

미절판과 배 양 가장자리에 흰색 털 뭉치가 있다.

콩풍뎅이

몸길이: 10~15mm / 나타나는 때: 4~11월 / 먹이: 식식성(콩과식물, 무궁화) / 보이는 곳: 논밭, 냇가, 낮은 산지

참콩풍뎅이와 매우 비슷하나, 미절판과 배 양 가장자리에 흰색 털 뭉치가 없어 구별된다.

녹색콩풍뎅이

> 몸길이: 8~11mm / 나타나는 때: 4~10월 / 먹이: 식식성(쑥, 잔디를 비롯한 다양한 풀, 나무) / 보이는 곳: 냇가, 잔디 밭, 논밭

참콩풍뎅이와 매우 비슷하나, 앞가슴등판이 금속성 광택이 나는 녹색이어서 구별된다.

참나무장발풍뎅이

> 몸길이: 8~12mm / 나타나는 때: 3~10월 / 먹이: 식식성(배나무) / 보이는 곳: 논밭, 숲 가장자리

딱지날개는 거의 반투명하며 털이 없다.

온몸이 긴 황백색 털로 덮였다.

어깨무늬풍뎅이

몸길이: 8~11㎜ / 나타나는 때: 4~10월 / 먹이: 식식성(장미과식물) / 보이는 곳: 낮은 산지, 숲 가장자리

온몸에 긴 털이 있어 참나무장발풍뎅이와 비슷하나,
딱지날개 앞가장자리에 검은 점무늬가 있어 구별된다.

부산풍뎅이

몸길이: 13~17㎜ / 나타나는 때: 4~10월 / 먹이: 식식성(참나무류) / 보이는 곳: 산지, 숲 가장자리

전체적으로 금속성 광택이 나는 녹색이고,
딱지날개의 앞쪽 가운데부분은 황록색이다.

앞가슴등판 양 가장자리 근처에 검은 점이 있다.

풍뎅이

│ 몸길이: 15~21㎜ / 나타나는 때: 4~10월 / 먹이: 식식성(버드나무류) / 보이
│ 는 곳: 냇가, 논밭

전체적으로 금속성 광택이 나는
진한 녹색이어서 부산풍뎅이와 구별된다.

금줄풍뎅이

│ 몸길이: 18~20㎜ / 나타나는 때: 6~8월 / 보이는 곳: 산지, 숲 가장자리

몸 색깔은 금속성 광택이 나는 어두운 녹색이다.
딱지날개의 세로 융기선은 4개이며, 회합부 쪽의 융기선이 가장 굵다.

별줄풍뎅이

| 몸길이: 14~20㎜ / 나타나는 때: 5~11월 / 먹이: 식식성(침엽수 잎) / 보이는 곳: 냇가, 논밭, 숲 가장자리

개체마다 몸 색깔에 차이가 있으나, 대개 녹색과 노란색이 어우러져 있다.

금줄풍뎅이와 비슷하나, 딱지날개의 융기선이 거의 같은 굵기여서 구별된다.

등노랑풍뎅이

| 몸길이: 12~18㎜ / 나타나는 때: 5~11월 / 먹이: 식식성(물봉선을 비롯한 각종 풀) / 보이는 곳: 냇가, 논밭, 숲 가장자리

전체적으로 광택이 나는 노란색이고, 다리가 흑청색이어서 구별된다.

연노랑풍뎅이

> 몸길이: 8~12mm / 나타나는 때: 4~10월 / 먹이: 식식성(벼과식물, 활엽수 잎) / 보이는 곳: 냇가, 논밭, 숲 가장자리

딱지날개에 특별한 무늬가 없다.

앞가슴등판은 연황색 바탕에 흑갈색 무늬가 있다.

등얼룩풍뎅이

> 몸길이: 8~13mm / 나타나는 때: 3~11월 / 먹이: 식식성(활엽수 잎) / 보이는 곳: 냇가, 논밭, 숲 가장자리

연노랑풍뎅이와 매우 비슷하나, 딱지날개의 무늬 2, 3열이 부채꼴로 배열되어 구별된다.

해변청동풍뎅이 | 몸길이: 20~26㎜ / 나타나는 때: 6~10월 / 보이는 곳: 바닷가 들판 및 야산

청동풍뎅이와 매우 비슷하나,
다리가 적갈색이어서 구별된다.

카멜레온줄풍뎅이 | 몸길이: 12~17㎜ / 나타나는 때: 5~10월 / 먹이: 식식성(활엽수 잎) / 보이는 곳: 냇가, 논밭, 숲 가장자리

딱지날개는 녹색 바탕에
붉은색이 돌지만 개체마다 차이가 있다.

홈줄풍뎅이

몸길이: 11~16㎜ / 나타나는 때: 4~11월 / 먹이: 식식성(꽃잎) / 보이는 곳: 야산의 풀밭, 바닷가

딱지날개에 세로 줄이 10개 있다.
몸 색깔은 개체마다 차이가 난다.

넓적꽃무지

| 몸길이: 4~7㎜ / 나타나는 때: 4~10월 / 먹이: 식식성(꽃가루) / 보이는 곳: 낮은 산지, 숲 가장자리

몸은 검은색이며, 딱지날개 끝 가장자리에
흰색 비늘 띠가 있다.

참넓적꽃무지와 닮았으나
종아리마디가 검은색이어서 구별된다.

호랑꽃무지

| 몸길이: 9~12㎜ / 나타나는 때: 4~11월 / 먹이: 식식성(꽃가루) / 보이는 곳: 냇가, 논밭, 공원, 숲 가장자리

온몸에 길고 노란색 털이 빽빽하고,
딱지날개에는 노란색 가로 무늬가 있다.

사슴풍뎅이

몸길이: 수컷 27~33㎜, 암컷 21~27㎜ / 나타나는 때: 4~10월 / 먹이: 식식성(나무 진) / 보이는 곳: 산지, 숲 가장자리

수컷

암컷

머리방패에 뿔이 없고,
온몸이 흑갈색 또는 적갈색이다.

머리방패에 사슴뿔 모양 뿔이 있고, 앞가슴등판과
딱지날개는 회색빛을 띤 붉은색이며, 검은색 무늬가 있다.

풍이

몸길이: 25~33㎜ / 나타나는 때: 5~10월 / 먹이: 식식성(나무 진, 썩은 과일) / 보이는 곳: 산지, 숲 가장자리

머리방패가 긴 사각형으로 늘어나고,
딱지날개에 특별한 무늬가 없다.

전체적으로 광택이 나는 녹갈색, 갈색 등으로 개체에 따라 차이가 많다.

꽃무지
(섬꽃무지, 참꽃무지)

몸길이: 16~20㎜ / 나타나는 때: 4~11월 / 먹이: 식식성(꽃가루) / 보이는 곳: 바닷가 숲 가장자리, 산지

몸은 광택이 없는 적갈색이고,
잔털이 빽빽하다.
딱지날개의 융기선이 뚜렷하고,
황백색 가로 무늬가 있다.

흰점박이꽃무지

몸길이: 17~22㎜ / 나타나는 때: 5~9월 / 먹이: 식식성(꽃가루) / 보이는 곳: 냇가, 숲 가장자리, 산지

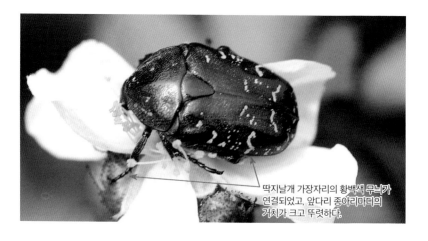

딱지날개 가장자리의 황백색 무늬가
연결되었고, 앞다리 종아리마디의
거치가 크고 뚜렷하다.

만주점박이꽃무지 | 몸길이: 22~28mm / 나타나는 때: 4~9월 / 먹이: 식식성(꽃가루) / 보이는 곳: 냇가, 숲 가장자리

전체적으로 광택이 강한 연녹색이고, 딱지날개에 흰 무늬가 있다.

검정꽃무지 | 몸길이: 11~14mm / 나타나는 때: 4~10월 / 먹이: 식식성(꽃가루) / 보이는 곳: 냇가, 논밭, 숲 가장자리

전체적으로 검은색이고, 딱지날개 가운데부분에 담황색 가로 무늬가 있어 구별된다.

풀색꽃무지

몸길이: 11~14mm / 나타나는 때: 3~11월 / 먹이: 식식성(꽃가루) / 보이는 곳: 냇가, 논밭, 공원, 숲 가장자리

몸 색깔은 녹색, 갈색, 적갈색 등으로 다양하다.

배 아랫부분에 긴 털이 있고, 딱지날개에는 다양한 황백색 무늬가 있다.

종종 딱지날개 가운데부분이 붉은색을 띠기도 한다.

홀쭉꽃무지

몸길이: 15~17mm / 나타나는 때: 4~9월 / 먹이: 식식성(꽃가루) / 보이는 곳: 냇가, 논밭, 숲 가장자리

몸은 광택이 있는 검은색이고, 길쭉하며, 딱지날개 중간에 작은 황백색 무늬가 1쌍 있다.

소나무비단벌레 | 몸길이: 24~40㎜ / 나타나는 때: 5~11월 / 먹이: 소나무(애벌레) / 보이는 곳: 소나무 숲

비단벌레만큼 크나 앞가슴등판과 딱지날개에 뚜렷한 세로 융기선이 있다.

검정무늬비단벌레 | 몸길이: 10㎜ 내외 / 나타나는 때: 5~6월 / 먹이: 참나무류(애벌레) / 보이는 곳: 참나무 숲 가장자리

금테비단벌레처럼 금속성 광택이 나나 딱지날개 무늬가 달라 구별된다.

멋쟁이호리비단벌레 | 몸길이: 6~9mm / 나타나는 때: 6~10월 / 보이는 곳: 칡이 많은 곳

앞가슴등판이 붉고, 딱지날개 뒷부분에
흰 무늬가 있지만 개체마다 차이가 있다.

황녹색호리비단벌레 | 몸길이: 6~8mm / 나타나는 때: 6~9월 / 보이는 곳: 산지의 풀밭, 숲 가장자리, 냇가

멋쟁이호리비단벌레와 닮았지만, 딱지날개의
흰 무늬 앞뒤로 검은 무늬가 있어 구별된다.

우리흰점호리비단벌레 | 몸길이: 7㎜ 내외 / 나타나는 때: 5~6월 / 보이는 곳: 논밭, 저수지, 숲 가장자리

딱지날개의 동그란 흰 점무늬가 뚜렷하고,
작은방패판의 생김새가 달라 흰점호리비단벌레와 구별된다.

버드나무좀비단벌레 | 몸길이: 3㎜ 내외 / 나타나는 때: 4~9월 / 먹이: 버드나무류(애벌레) / 보이는 곳: 논밭, 냇가, 계곡 가, 숲 가장자리

흑청색 바탕에 작고 흰 털로 된 무늬가 물결 모양을 이룬다.

얼룩무늬좀비단벌레 | 몸길이: 3~4㎜ / 나타나는 때: 4~9월 / 보이는 곳: 냇가, 숲 가장자리

앞가슴등판에 흑청색 점무늬가 4개 있고, 딱지날개에는
노란색과 흑청색 무늬가 번갈아 있어 얼룩져 보인다.

왕빗살방아벌레

몸길이: 30~35㎜ / 나타나는 때: 5~8월 / 먹이: 하늘소류나 나무좀류의 애벌레 / 보이는 곳: 활엽수 숲, 숲 가장자리

방아벌레 무리 중 가장 크며, 온몸에 짧고 흰 털이 **빽빽**하다.

얼룩방아벌레

몸길이: 17㎜ 내외 / 나타나는 때: 4~8월 / 보이는 곳: 산길 및 숲 가장자리

방아벌레과에 속한 종은 앞가슴 뒤쪽
양 가장자리가 긴 돌기 모양으로 늘어났다.

온몸에 짧고 노란 털이 **빽빽**해 얼룩덜룩해 보인다.

대유동방아벌레

몸길이: 15mm 내외 / 나타나는 때: 4~7월 / 먹이: 풀잎(어른벌레) / 보이는 곳: 논밭, 냇가, 산길 및 숲 가장자리

머리 뒤쪽이 검으며, 온몸이 붉은색이다.

진홍색방아벌레

몸길이: 10~13mm / 나타나는 때: 4~10월 / 보이는 곳: 냇가, 논밭, 산길 및 숲 가장자리

딱지날개가 광택이 있는 주홍색이고,
세로 융기선이 뚜렷해 줄무늬로 보인다.

검정테광방아벌레 | 몸길이: 10㎜ 내외 / 나타나는 때: 6~8월 / 보이는 곳: 냇가, 논밭, 숲 가장자리

앞가슴등판 가운데와 양쪽 가장자리, 딱지날개
양쪽 가장자리를 따라 검은 세로무늬가 있다.

붉은가슴방아벌레붙이 | 몸길이: 5~6㎜ / 나타나는 때: 5~7월 / 보이는 곳: 풀밭, 숲 가장자리

앞가슴등판과 각 다리의 넓적마디 기부가 주홍색이다.

석점박이방아벌레붙이 | 몸길이: 12㎜ 내외 / 나타나는 때: 5~7월 / 보이는 곳: 산길 및 숲 가장자리

더듬이 끝부분의 4마디만 부풀어
대마도방아벌레붙이와 구별된다.

붉은가슴방아벌레붙이와 닮았으나, 앞가슴등판에 점이 3개 있고,
각 다리의 넓적마디가 주홍색을 띠지 않아 구별된다.

끝검은방아벌레붙이 | 몸길이: 11㎜ 내외 / 나타나는 때: 7~10월 / 보이는 곳: 산지 풀밭, 숲 가장자리

딱지날개 끝부분과 무릎 부분이 검다.

등점목가는병대벌레 | 몸길이: 10~14mm / 나타나는 때: 5~6월 / 보이는 곳: 풀밭, 논밭 및 숲 가장자리

겹눈 사이가 거의 수평으로 검은색이다.

앞가슴등판 가운데부분이 많이 불룩하며, 뒤쪽으로 사각형 함몰부가 있는데, 수컷의 경우 검은 무늬로 보인다.

연노랑목가는병대벌레 | 몸길이: 5~8mm / 나타나는 때: 5~8월 / 보이는 곳: 냇가, 강, 논밭, 계곡 가, 숲 가장자리

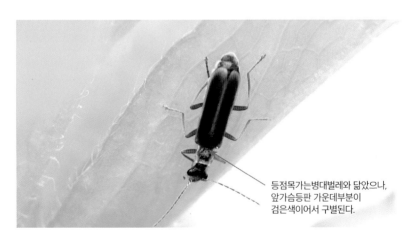

등점목가는병대벌레와 닮았으나, 앞가슴등판 가운데부분이 검은색이어서 구별된다.

노랑테병대벌레 | 몸길이: 14~17㎜ / 나타나는 때: 5~7월 / 보이는 곳: 산지 및 숲 가장자리

더듬이 1마디는 황갈색, 2마디는 암갈색이고,
나머지 마디는 검은색이다.

겹눈 앞쪽과 앞가슴등판 양 가장자리가
황갈색 또는 주황색이다.

검은병대벌레 | 몸길이: 8~12㎜ / 나타나는 때: 5~6월 / 보이는 곳: 산지 및 숲 가장자리

노랑테병대벌레와 닮았으나,
머리 앞쪽이 검은색이고,
배마디 양 가장자리가
뾰족하게 튀어나와 구별된다.

서울병대벌레

몸길이: 11~15㎜ / 나타나는 때: 5~6월 / 보이는 곳: 냇가, 습지, 논밭

딱지날개는 검은색을 띠나 테두리는 황갈색이다.

머리, 앞가슴등판, 작은방패판, 다리는 황갈색이다.

노랑줄어리병대벌레

몸길이: 7~9㎜ / 나타나는 때: 4~6월 / 보이는 곳: 산지, 숲 가장자리, 계곡 가

딱지날개에 길고 노란 세로 줄이 있다.
개체에 따라 가늘어지기도 한다.

회황색병대벌레

| 몸길이: 10~13mm / 나타나는 때: 5~6월 / 보이는 곳: 냇가, 계곡 가, 습지, 숲 가장자리

머리·정수리 부분과 앞가슴등판 가운데부분에 검은색 점무늬가 있다.

붉은가슴병대벌레

| 몸길이: 6~8mm / 나타나는 때: 5~6월 / 보이는 곳: 냇가, 계곡 가, 습지, 숲 가장자리

회황색병대벌레와 닮았으나, 머리 정수리 부분이 폭넓게 검은색이어서 구별된다.

참개미붙이

몸길이: 7~10㎜ / 나타나는 때: 4~10월 / 먹이: 포식성(나무좀류의 애벌레와 어른벌레) / 보이는 곳: 산지, 숲 가장자리, 시골 마을 가로수

전체적으로 흑청색이며 딱지날개 앞부분은 붉은색이다.

불개미붙이

몸길이: 7~10㎜ / 나타나는 때: 4~10월 / 먹이: 식식성(꽃가루_어른벌레) / 보이는 곳: 논밭, 냇가, 숲 가장자리

전체적으로 흑청색이며 딱지날개에는 굵고 붉은 띠가 3개 있다.

줄무늬개미붙이

| 몸길이: 8~11mm / 나타나는 때: 6~9월 / 먹이: 포식성(작은 곤충_어른벌레 및 애벌레) / 보이는 곳: 활엽수가 많은 산지 및 숲 가장자리

딱지날개 봉합선을 따라 앞부분과 가운데 부분에 노란색 무늬가 있다.

긴개미붙이

| 몸길이: 8~13mm / 나타나는 때: 7~9월 / 보이는 곳: 논밭, 숲 가장자리

집개미붙이와 닮았으나, 딱지날개의 점각이 작고 불규칙적으로 배열되어서 구별된다.

딱지날개의 앞부분과 가운데부분에 있는 노란색 무늬가 떨어져 있어 줄무늬개미붙이 구별된다.

무당벌레

| 몸길이: 7㎜ 내외 / 나타나는 때: 3~11월 / 먹이: 육식성(진딧물류) / 보이는 곳: 마을, 논밭, 냇가, 숲 가장자리

딱지날개의 색깔과 점무늬는 개체마다 차이가 심하다.

앞가슴등판 양 가장자리가 흰색이다.

칠성무당벌레

| 몸길이: 7㎜ 내외 / 나타나는 때: 3~11월 / 먹이: 육식성(진딧물류) / 보이는 곳: 마을, 논밭, 냇가, 숲 가장자리

무당벌레와 비슷하나, 앞가슴등판 양 가장자리 앞부분만 흰색이고, 딱지날개에는 검은색 점무늬가 7개 있어 구별된다.

꼬마남생이무당벌레 | 몸길이: 4mm 내외 / 나타나는 때: 4~11월 / 먹이: 육식성(진딧물류) / 보이는 곳: 마을, 논밭, 냇가, 숲 가장자리

딱지날개의 검은색 무늬가 남생이 등딱지 무늬와
비슷하나 개체마다 차이가 크다.

남생이무당벌레 | 몸길이: 12mm 내외 / 나타나는 때: 4~10월 / 먹이: 육식성(잎벌레 애벌레) / 보이는 곳: 마을, 논밭, 냇가, 숲 가장자리

딱지날개는 바탕이 검은색이며,
주황색 무늬가 어우러져
거북이 등딱지 무늬 같다.

달무리무당벌레

| 몸길이: 8mm 내외 / 나타나는 때: 3~8월 / 먹이: 육식성(진딧물류) / 보이는 곳: 마을 주변, 소나무가 많은 야산

딱지날개는 바탕이 적갈색이며,
불투명한 흰색 둥근 무늬가 많다.
둥근 무늬 안쪽에
검은 점무늬가 있는 개체도 있다.

긴점무당벌레

| 몸길이: 8mm 내외 / 나타나는 때: 4~10월 / 먹이: 육식성(진딧물류) / 보이는 곳: 소나무가 많은 산지, 숲 가장자리

달무리무당벌레와 닮았으나 딱지날개의 흰 무늬가 길어서 구별된다.

노랑육점박이무당벌레 | 몸길이: 4mm 내외 / 나타나는 때: 4~11월 / 먹이: 육식성(진딧물류) / 보이는 곳: 산지, 숲 가장자리

바탕이 검은 딱지날개에 노란색 무늬가
가운데부분에 4쌍, 가장자리에 2쌍이 있다.

콩팥무늬무당벌레 | 몸길이: 3~4mm / 나타나는 때: 4~11월 / 보이는 곳: 냇가, 마을, 논밭, 숲 가장자리

노랑육점박이무당벌레와 비슷하나,
딱지날개 가운데부분의 노란색 무늬가
콩팥 모양이고, 앞가슴등판 가운데에
무늬가 없어 구별된다.

노랑무당벌레

| 몸길이: 3~4mm / 나타나는 때: 3~10월 / 먹이: 균식성(식물병원균) / 보이는 곳: 냇가, 마을, 논밭, 숲 가장자리

앞가슴등판 뒷부분에
검은색 점무늬가 있고,
딱지날개 전체가 노란색이다.

열흰점박이무당벌레

| 몸길이: 4~5mm / 나타나는 때: 4~9월 / 보이는 곳: 산지, 숲 가장자리

흰색 점무늬가 앞가슴등판
뒷부분에 3개, 딱지날개에 10개 있다.

십이흰점무당벌레 | 몸길이: 3~4mm / 먹이: 균식성 / 나타나는 때: 4~9월 / 보이는 곳: 산지, 논밭, 숲 가장자리

열흰점박이무당벌레와 닮았으나,
딱지날개에 흰 점무늬가 12개 있어 구별된다.

네점가슴무당벌레 | 몸길이: 4~5mm / 먹이: 육식성(곤충 알) / 나타나는 때: 4~11월 / 보이는 곳: 산지, 숲 가장자리

딱지날개의 흰 점무늬가
십이흰점무당벌레와 매우 비슷하나,
앞가슴등판 뒷부분에 흰 점무늬가
4개 있어 구별된다.

애홍점박이무당벌레

몸길이: 4mm 내외 / 먹이: 육식성(깍지벌레류) / 나타나는 때: 3~11월 / 보이는 곳: 산지, 숲 가장자리

전체적으로 검은색이며, 딱지날개 가운데에는 붉은색 점무늬가 있다.

큰황색가슴무당벌레

몸길이: 6mm 내외 / 나타나는 때: 3~11월 / 보이는 곳: 산지, 숲 가장자리, 마을

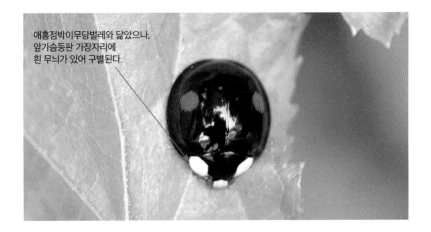

애홍점박이무당벌레와 닮았으나, 앞가슴등판 가장자리에 흰 무늬가 있어 구별된다.

큰이십팔점박이무당벌레 | 몸길이: 6~8mm / 먹이: 식식성(가지 잎, 감자 잎) / 나타나는 때: 4~10월 / 보이는 곳: 마을, 논밭, 냇가, 숲 가장자리

적갈색 바탕에 작은 털이 빽빽하며, 딱지날개에는 점무늬가 28개 있다.

이십팔점박이무당벌레와 닮았으나, 앞가슴등판과 딱지날개의 검은색 점무늬가 커서 구별된다.

곱추무당벌레 | 몸길이: 4~5mm / 먹이: 식식성(쥐똥나무 잎) / 나타나는 때: 5~7월 / 보이는 곳: 마을, 논밭, 숲 가장자리

적갈색 바탕에 검은색 무늬가 앞가슴등판에 2개, 딱지날개에 10개가 있다.

중국무당벌레

| 몸길이: 4~5㎜ / 먹이: 식식성(계요등 잎) / 나타나는 때: 6~9월 / 보이는 곳: 마을, 논밭, 숲 가장자리

곰추무당벌레와 매우 닮았으나, 앞가슴등판의 검은 무늬가 연결되어 1개로 보이고, 딱지날개의 앞쪽 무늬가 거의 붙어 있어 구별된다.

열석점긴다리무당벌레

| 몸길이: 6㎜ 내외 / 먹이: 육식성(진딧물류) / 나타나는 때: 5~10월 / 보이는 곳: 냇가, 습지, 마을, 논밭, 숲 가장자리

몸이 길쭉하고, 딱지날개에 검은색 점무늬가 13개 있다.

다리무당벌레

몸길이: 5mm 내외 / 먹이: 육식성(작은 곤충) / 나타나는 때: 4~10월 / 보이는 곳: 마을, 논밭, 숲 가장자리

열석점긴다리무당벌레와 닮았지만, 앞가슴등판의 무늬와 딱지날개의 검은색 점무늬가 달라 구별된다.

무당벌레붙이
(무당벌레붙이과)

몸길이: 5mm 내외 / 먹이: 균식성(곰팡이, 버섯) / 나타나는 때: 4~11월 / 보이는 곳: 시골 마을, 숲 가장자리, 산지

몸이 납작해 나무 틈에 숨기에 알맞고, 딱지날개 바탕은 주황색이며 가장자리 쪽으로 검은색 무늬가 4개 있다.

먹가뢰

│ 몸길이: 17~20㎜ / 나타나는 때: 5~6월 / 먹이: 식식성(콩과식물) / 보이는
│ 곳: 야산, 마을

전체적으로 검은색을 띠나,
머리 뒷가장자리가
붉은색이다.

청가뢰

│ 몸길이: 20~22㎜ / 나타나는 때: 5~6월 / 먹이: 식식성(콩과식물) / 보이는
│ 곳: 냇가, 숲 가장자리, 야산

전체적으로 금속성 광택이 있는 청람색이다.

황가뢰

| 몸길이: 9~22㎜ / 나타나는 때: 7~9월 / 먹이: 식식성(산초나무) / 보이는
| 곳: 산지

몸은 노란색이며, 딱지날개에는 세로 융기선이 있다.

둥글목남가뢰

| 몸길이: 11~27㎜ / 나타나는 때: 3~5월 / 보이는 곳: 산지, 숲길 주변

앞가슴등판이 가로로 길고, 뒷부분 가운데가
움푹 들어가서 남가뢰와 구별된다.

남가뢰

| 몸길이: 12~30㎜ / 나타나는 때: 4~11월 / 먹이: 식식성(풀) / 보이는 곳: 산
지, 숲길 주변

수컷

몸은 흑청색이고, 딱지날개는 짧다.

수컷은 더듬이
가운데부분이 부풀어 올랐다.

암컷

암컷은 배가 크고 땅속에 알을 낳는다.

모래거저리

| 몸길이: 11~12mm / 나타나는 때: 4~11월 / 보이는 곳: 강가 및 바닷가 모래밭

머리 가운데부분이 오목하고,
앞가슴등판 가장자리가 넓적하다.

꼬마모래거저리

| 몸길이: 7~9mm / 나타나는 때: 4~10월 / 보이는 곳: 강가, 냇가

모래거저리와 닮았으나, 크기가 작고
앞가슴등판의 모양이 다르다.

작은모래거저리 | 몸길이: 8~9mm / 나타나는 때: 3~10월 / 보이는 곳: 냇가, 논밭, 강가, 바닷가

꼬마모래거저리와 닮았으나,
딱지날개에 검은색 과립형
돌기가 많아 구별된다.

강변거저리 | 몸길이: 10~11mm / 나타나는 때: 4~10월 / 보이는 곳: 냇가, 강가, 바닷가 모래밭 주변

딱지날개에 세로 융기선이 뚜렷하다.

산맴돌이거저리

몸길이: 13~17㎜ / 나타나는 때: 5~9월 / 보이는 곳: 참나무가 많은 야산, 숲 가장자리

전체적으로 광택이 없는 검은색이고,
딱지날개의 세로 줄이 뚜렷하지 않다.

버들하늘소

몸길이: 37~57mm / 나타나는 때: 6~8월 / 먹이식물: 물오리나무, 고로쇠나무 / 보이는 곳: 낮은 산지, 숲 가장자리

암컷 산란관이 딱지날개 밖으로 튀어나왔다.

딱지날개에 세로 융기선이 4개 있다.

검정하늘소

몸길이: 12~25mm / 나타나는 때: 6~9월 / 보이는 곳: 낮은 산지, 숲 가장자리

더듬이가 짧아 딱지날개에 이르지 못한다.

앞가슴등판은 둥글고, 머리와 딱지날개 접합부에 작고 노란 털이 있다.

큰넓적하늘소

몸길이: 12~27mm / 나타나는 때: 6~8월 / 먹이식물: 소나무 / 보이는 곳: 낮은 산지, 숲 가장자리

앞가슴등판이 짙은 붉은색이며 둥글다.

딱지날개에 세로 융기선이 4개 있다.

작은넓적하늘소

몸길이: 9~18mm / 나타나는 때: 5~8월 / 먹이식물: 소나무 / 보이는 곳: 산지, 숲 가장자리

큰넓적하늘소와 닮았으나, 딱지날개에 세로 융기선이 6개 있고, 우둘투둘해서 구별된다.

청동하늘소

몸길이: 9~13㎜ / 나타나는 때: 5~7월 / 보이는 곳: 산지, 숲 가장자리

딱지날개는 금속성 광택이 도는
보라색 또는 청록색이다.

각 다리의 넓적마디 기부가
주황색이다.

우리꽃하늘소

몸길이: 10~17㎜ / 나타나는 때: 5~7월 / 먹이식물: 갈매나무 / 보이는 곳:
산지나 숲 가장자리의 꽃핀 곳

앞가슴등판 가장자리에
작은 돌기가 있으며,
딱지날개와 같이 붉은색이다.

더듬이, 머리, 다리는 검은색이다.

산각시하늘소

몸길이: 8~10mm / 나타나는 때: 5~7월 / 보이는 곳: 산지나 숲 가장자리의
꽃핀 곳

딱지날개의 무늬는
끝까지 연결되지 않고,
끝부분에 점무늬가 뚜렷하다.

줄각시하늘소

몸길이: 8~13mm / 나타나는 때: 5~8월 / 보이는 곳: 산지나 숲 가장자리의
꽃핀 곳

산각시하늘소와 닮았으나,
딱지날개의 줄무늬가 날개 끝까지
연결되어 구별된다.

넉점각시하늘소

몸길이: 4~6㎜ / 나타나는 때: 4~7월 / 보이는 곳: 산지나 숲 가장자리의 꽃 핀 곳

산각시하늘소와 닮았으나,
딱지날개에 작은 무늬가
4개 있어 구별된다.

꽃하늘소

몸길이: 12~18㎜ / 나타나는 때: 5~8월 / 보이는 곳: 산지나 숲 가장자리의 꽃핀 곳

딱지날개는 암갈색 또는 검은색이고,
앞부분 가운데가 약간 오목하다.

옆검은산꽃하늘소 │ 몸길이: 7~13㎜ / 나타나는 때: 5~8월 / 보이는 곳: 산지나 숲 가장자리의 꽃핀 곳

딱지날개는 황갈색이고,
양 가장자리에 검은 줄무늬가 있다.

붉은산꽃하늘소 │ 몸길이: 12~22㎜ / 나타나는 때: 6~8월 / 먹이식물: 예덕나무, 소나무 / 보이는 곳: 산지나 숲 가장자리의 꽃핀 곳

앞가슴등판, 딱지날개, 종아리마디의 일부분이 붉은색이다.

긴알락꽃하늘소 | 몸길이: 12~19㎜ / 나타나는 때: 5~7월 / 먹이식물: 물오리나무 / 보이는 곳: 낮은 산지의 꽃핀 곳

딱지날개 바탕은 검은색이고 노란색 무늬가 4쌍 있으며, 맨 앞쪽의 무늬는 아치 모양이다.

열두점박이꽃하늘소 | 몸길이: 11~15㎜ / 나타나는 때: 4~8월 / 먹이식물: 갈참나무, 서어나무 / 보이는 곳: 산지의 꽃핀 곳

긴알락꽃하늘소와 닮았으나, 딱지날개 맨 앞쪽의 무늬가 달라 구별된다.

알통다리꽃하늘소 | 몸길이: 11~17㎜ / 나타나는 때: 5~7월 / 보이는 곳: 산지의 꽃핀 곳

딱지날개 바탕은 주황색이고 검은 점무늬가
5쌍 있으며, 다리의 넓적마디가 두껍다.

하늘소 | 몸길이: 34~57㎜ / 나타나는 때: 7~8월 / 먹이식물: 밤나무 / 보이는 곳: 산지, 마을

전체적으로 크기가 크며, 앞가슴등판이 주름졌다.

청줄하늘소

몸길이: 15~35㎜ / 나타나는 때: 6~8월 / 먹이식물: 자귀나무, 후박나무 / 보이는 곳: 산지, 숲 가장자리

딱지날개 바탕은 황갈색이며 긴 청록색 줄무늬가 있다.

벚나무사향하늘소

몸길이: 25~35㎜ / 나타나는 때: 7~8월 / 먹이식물: 벚나무, 살구나무 / 보이는 곳: 낮은 산지, 마을 및 숲 가장자리

앞가슴등판만 붉은색이며, 양 가장자리가 뾰족하게 튀어나왔다.

참풀색하늘소 | 몸길이: 15~30mm / 나타나는 때: 7~9월 / 보이는 곳: 낮은 산지, 참나무 숲

머리, 앞가슴등판, 딱지날개는 금속성 광택이
나는 초록색, 더듬이와 다리는 황갈색이다.

네눈박이하늘소 | 몸길이: 8~14mm / 나타나는 때: 5~7월 / 보이는 곳: 낮은 산지, 참나무 숲

딱지날개 바탕은 흑갈색이며 노란색 점이
2쌍 있고, 끝부분은 황갈색이다.

노랑띠하늘소

몸길이: 15~20㎜ / 나타나는 때: 7~9월 / 보이는 곳: 낮은 산지의 꽃핀 곳

딱지날개 바탕은 푸른색이며 넓고 노란 가로 띠무늬가 2개 있다.

주홍삼나무하늘소

몸길이: 7~17㎜ / 나타나는 때: 5~6월 / 보이는 곳: 낮은 산지, 마을 및 숲 가장자리

다리의 넓적마디는 곤봉 모양이다.

딱지날개 바탕은 붉은색이며 가느다란 세로 융기선이 있다.

소범하늘소

몸길이: 11~17mm / 나타나는 때: 4~6월 / 보이는 곳: 낮은 산지, 참나무 숲

딱지날개 바탕은 검은색이며 앞부분은 적갈색이고,
노란색 점무늬 2쌍 사이에 줄무늬가 2개 있다.

네줄범하늘소

몸길이: 12~18mm / 나타나는 때: 6~7월 / 보이는 곳: 남부 지역 바닷가 및
섬의 산지

앞가슴등판에 검은색 가로 띠무늬가 있다.

딱지날개 바탕은 검은색이며 노란색 무늬가 있다.

벌호랑하늘소

몸길이: 8~19mm / 나타나는 때: 5~7월 / 먹이식물: 자작나무, 버드나무류 / 보이는 곳: 산지, 마을 및 숲 가장자리

딱지날개 바탕은 검은색이며 노란색 띠무늬가 3쌍 있고, 끝은 노란색이다.

작은방패판이 노란색 점무늬로 보인다.

홀쭉범하늘소

몸길이: 5~15mm / 나타나는 때: 6~8월 / 먹이식물: 갈참나무, 팽나무 / 보이는 곳: 바닷가의 산지, 마을 및 숲 가장자리

전체적으로 암녹색이며, 딱지날개에 검은색 가로 줄무늬가 있다.

육점박이범하늘소 │ 몸길이: 7~15mm / 나타나는 때: 5~7월 / 먹이식물: 느티나무, 팽나무 / 보이는 곳: 낮은 산지, 마을 및 숲 가장자리

홀쭉범하늘소와 닮았으나, 위에서 보면 딱지날개에 검은 점무늬가 6개가 뚜렷해 구별된다.

긴다리범하늘소 │ 몸길이: 6~11mm / 나타나는 때: 5~7월 / 먹이식물: 팽나무 / 보이는 곳: 낮은 산지, 마을 및 숲 가장자리

꼬마긴다리범하늘소와 닮았으나, 딱지날개 앞쪽 가장자리에 흰색 점무늬가 있어 구별된다.

측범하늘소

몸길이: 12~19㎜ / 나타나는 때: 5~7월 / 보이는 곳: 낮은 산지, 숲 가장자리

앞가슴등판 양 가장자리에
검고 둥근 무늬가 있다.

딱지날개 무늬는
검은색과 노란색이
어우러진
빗살 모양 같다.

흰테범하늘소

몸길이: 10~14㎜ / 나타나는 때: 4~7월 / 보이는 곳: 강원도 산지

딱지날개 앞부분은
암갈색 바탕에
검은 무늬가 있으며,
끝은 흰색이다.

주홍하늘소

몸길이: 13~17㎜ / 나타나는 때: 5~6월 / 먹이식물: 대나무 / 보이는 곳: 남부 지역 낮은 산지, 마을 및 숲 가장자리

전체적으로 붉은색이며 앞가슴등판에는 검은 무늬들이 있고, 딱지날개에는 특이한 무늬가 없다.

모자주홍하늘소

몸길이: 17~23㎜ / 나타나는 때: 4~6월 / 보이는 곳: 낮은 산지, 마을 및 숲 가장자리

주홍하늘소와 닮았으나, 딱지날개에 모자 모양인 검은색 무늬가 있어 구별된다.

무늬소주홍하늘소 | 몸길이: 13~19㎜ / 나타나는 때: 5~6월 / 먹이식물: 단풍나무, 신나무 / 보이는 곳: 낮은 산지, 마을 및 숲 가장자리

딱지날개 바탕은 붉은색이며 길고 검은 무늬가 있다.

초원하늘소 | 몸길이: 9~19㎜ / 나타나는 때: 6~9월 / 보이는 곳: 강원도 산지의 풀밭, 숲 가장자리

더듬이 마디의 기부는 흰색,
끝부분은 검은색이어서 얼룩달록하게 보인다.

딱지날개에는 작고 노란 점들이
흩뿌려져 있어 얼룩져 보인다.

남색초원하늘소

몸길이: 11~17mm / 나타나는 때: 5~6월 / 먹이식물: 쑥, 개망초 / 보이는 곳: 냇가, 논밭 및 숲길 주변의 풀밭

초원하늘소와 닮았으나, 딱지날개에 무늬가 없으며, 더듬이 1, 2마디에 큰 털 뭉치가 있어서 구별된다.

흰깨다시하늘소

몸길이: 10~18mm / 나타나는 때: 6~9월 / 먹이식물: 팽나무, 느티나무 / 보이는 곳: 낮은 산지, 마을 및 숲 가장자리

딱지날개에 검은색 점무늬와 흰색 무늬가 어우러졌다.

목하늘소

몸길이: 24~28㎜ / 나타나는 때: 5~8월 / 보이는 곳: 낮은 산지, 마을 및 숲 가장자리

딱지날개에 황갈색 작은 무늬들이 흩어져 있다.

앞가슴등판 양 가장자리가 뾰족하게 튀어나왔다.

우리목하늘소

몸길이: 24~38㎜ / 나타나는 때: 5~8월 / 보이는 곳: 낮은 산지, 숲 가장자리

목하늘소와 닮았으나, 딱지날개에 황백색 무늬가 넓게 퍼져 있다.

알락하늘소

| 몸길이: 25~35mm / 나타나는 때: 6~9월 / 먹이식물: 양버즘나무 / 보이는 곳: 낮은 산지, 공원, 숲 가장자리

전체적으로 검은색 바탕에 광택이 나며, 흰색 점무늬가 있다.

우단하늘소

| 몸길이: 12~25mm / 나타나는 때: 6~8월 / 먹이식물: 노박덩굴 / 보이는 곳: 낮은 산지, 숲 가장자리

전체적으로 다소 진한 갈색이며, 딱지날개 앞부분에 'V'자 모양 무늬가 있다.

작은우단하늘소

몸길이: 14~20mm / 나타나는 때: 6~8월 / 먹이식물: 단풍나무 / 보이는 곳:
낮은 산지, 숲 가장자리

우단하늘소와 닮았으나, 더듬이가
가늘고, 딱지날개 가운데부분이
암갈색을 띠어 구별된다.

털두꺼비하늘소

몸길이: 17~25mm / 나타나는 때: 4~9월 / 먹이식물: 노박덩굴, 굴피나무 /
보이는 곳: 낮은 산지, 마을, 숲 가장자리

딱지날개 앞부분에
검은색 털 뭉치가 2개 있다.

점박이염소하늘소 | 몸길이: 12~14mm / 나타나는 때: 6~8월 / 먹이식물: 팽나무 / 보이는 곳: 낮은 산지, 마을, 숲 가장자리

전체적으로 흰색이며, 딱지날개에 검은색 점무늬가 3쌍 있다.

새똥하늘소 | 몸길이: 6~8mm / 나타나는 때: 3~6월 / 먹이식물: 두릅나무 / 보이는 곳: 낮은 산지, 마을, 숲 가장자리

딱지날개 앞부분이 흰색이며, 끝부분 양쪽은 날카로운 가시 같다.

줄콩알하늘소

몸길이: 6mm 내외 / 나타나는 때: 5~7월 / 먹이식물: 뽕나무, 팽나무 / 보이는 곳: 마을, 낮은 산지, 숲 가장자리

크기가 작고, 딱지날개에 긴 황백색 줄무늬가 있다.

삼하늘소

몸길이: 10~15mm / 나타나는 때: 5~7월 / 먹이식물: 쑥, 개망초 / 보이는 곳: 마을, 낮은 산지, 숲 가장자리

회백색 세로 띠무늬가 딱지날개 가운데와 옆면에 있다.

흰점하늘소

몸길이: 8~13㎜ / 나타나는 때: 5~8월 / 먹이식물: 단풍나무, 굴피나무 / 보이는 곳: 마을, 낮은 산지, 숲 가장자리

딱지날개에 흰색 점무늬가 5쌍 있다.

당나귀하늘소

몸길이: 8~12㎜ / 나타나는 때: 5~7월 / 먹이식물: 서어나무, 피나무 / 보이는 곳: 낮은 산지, 숲 가장자리

앞가슴등판에 검은색 줄무늬가 4개 있다.

노랑줄점하늘소

몸길이: 8~11mm / 나타나는 때: 5~7월 / 먹이식물: 붉나무 / 보이는 곳: 낮은 산지, 숲 가장자리

앞가슴등판과 딱지날개에 노란색 줄무늬가 있다.

국화하늘소

몸길이: 6~9mm / 나타나는 때: 5~6월 / 먹이식물: 쑥 / 보이는 곳: 냇가, 숲 가장자리, 산지의 풀밭

앞가슴등판 가운데에 붉은색 점무늬가 있다.

통사과하늘소

몸길이: 15~19㎜ / 나타나는 때: 5~7월 / 먹이식물: 조팝나무 / 보이는 곳: 냇가, 숲 가장자리

앞가슴등판은 주황색이며,
양옆에 검은색 점무늬가 있다.

남경잎벌레

몸길이: 7~9mm / 나타나는 때: 4~6월 / 먹이식물: 물푸레나무 / 보이는 곳: 계곡 가, 숲 가장자리

딱지날개는 황갈색이고, 위에서 보면 넓적하게 보인다.

뒷다리의 넓적마디 안쪽 면에 돌기가 3개 있다.

점박이큰벼잎벌레

몸길이: 6mm 내외 / 나타나는 때: 5~9월 / 먹이식물: 참마 / 보이는 곳: 논밭, 숲 가장자리

앞가슴등판과 딱지날개에 검은색 점무늬가 2쌍씩 있다.

배노랑긴가슴잎벌레 | 몸길이: 6mm 내외 / 나타나는 때: 5~8월 / 보이는 곳: 논밭, 냇가, 습지

가시다리큰벼잎벌레와 닮았으나,
가운뎃다리 종아리마디 가운데부분에
가시가 없어 구별된다.

밤나무잎벌레 | 몸길이: 5mm 내외 / 나타나는 때: 6~8월 / 먹이식물: 참억새, 밤나무, 청미래 덩굴 / 보이는 곳: 논밭, 냇가, 낮은 산지, 숲 가장자리

앞가슴등판에 검은색 점무늬가
있는 경우가 많고, 딱지날개 앞과 끝부분에
크고 검은 무늬가 있다.

팔점박이잎벌레

몸길이: 7~8㎜ / 나타나는 때: 5~7월 / 먹이식물: 떡갈나무 / 보이는 곳: 낮은 산지, 숲 가장자리

앞가슴등판에 검은색 무늬가 있고,
딱지날개에 검은색 점무늬가 있으나,
무늬가 없는 개체도 있다.

콜체잎벌레

몸길이: 5㎜ 내외 / 나타나는 때: 5~7월 / 보이는 곳: 산지, 숲 가장자리

딱지날개에 노란색 점무늬가 3쌍 있으며,
가장자리도 노란색이다.

세메노브잎벌레

몸길이: 4mm 내외 / 나타나는 때: 5~7월 / 보이는 곳: 산지, 숲 가장자리

각 딱지날개의 가장자리는 불투명한 흰색이고,
앞가슴등판에는 불투명한 흰색 점무늬가 1쌍 있다.

금록색잎벌레

몸길이: 4mm 내외 / 나타나는 때: 6~8월 / 먹이식물: 쑥 / 보이는 곳: 논밭,
냇가, 낮은 산지, 숲 가장자리

몸 색깔은 흑청색, 녹청색, 적갈색 등으로
다양하며, 금속성 광택이 난다.

앞가슴등판이 앞으로 갈수록 좁아지고,
겹눈이 튀어나왔다.

고구마잎벌레

| 몸길이: 5~6㎜ / 나타나는 때: 6~8월 / 먹이식물: 고구마, 메꽃 / 보이는 곳: 논밭, 냇가, 숲 가장자리

몸 색깔은 흑청색, 녹청색, 적동색으로 다양하며, 광택이 난다.

금록색잎벌레와 닮았으나, 머리가 더 크다.

중국청람색잎벌레

| 몸길이: 11~13㎜ / 나타나는 때: 6~8월 / 먹이식물: 박주가리, 고구마 / 보이는 곳: 논밭, 냇가, 숲 가장자리

전체적으로 금속성 광택이 나는 청람색 또는 녹청색이며, 무늬는 없다.

쑥잎벌레

몸길이: 7~10mm / 나타나는 때: 4~11월 / 먹이식물: 쑥 / 보이는 곳: 논밭, 냇가, 낮은 산지, 숲 가장자리

딱지날개 앞쪽 가장자리가 두드러졌고, 작은 점각이 줄지어 있다.

몸 색깔은 적동색 또는 흑청색이며, 광택이 난다.

청줄보라잎벌레

몸길이: 11~15mm / 나타나는 때: 6~9월 / 먹이식물: 들깨, 층층이꽃 / 보이는 곳: 논밭, 냇가, 낮은 산지, 숲 가장자리

전체적으로 금속성 광택이 나는 무지개 색을 나타낸다.

좀남색잎벌레

몸길이: 5~6㎜ / 나타나는 때: 3~6월 / 먹이식물: 참소리쟁이 / 보이는 곳: 논밭, 냇가

전체적으로 광택이 나는 흑청색이며, 참소리쟁이에 군집을 이룬다.

딱지날개 밑에 접어둔 뒷날개를 펼쳐 날아간다.

호도나무잎벌레 | 몸길이: 6~8mm / 나타나는 때: 4~7월 / 먹이식물: 호도나무, 왕가래나무 / 보이는 곳: 낮은 산지, 숲 가장자리

전체적으로 납작하며, 광택이 나는 흑청색이다.

딱지날개 가장자리가 늘어났다.

사시나무잎벌레 | 몸길이: 10~12mm / 나타나는 때: 5~9월 / 먹이식물: 버드나무류, 황철나무 / 보이는 곳: 냇가, 낮은 산지, 숲 가장자리

딱지날개는 전체적으로 적갈색이며, 그 외는 흑청색이다.

버들잎벌레

몸길이: 6~9㎜ / 나타나는 때: 4~6월 / 먹이식물: 버드나무류 / 보이는 곳: 냇가, 계곡

딱지날개 바탕은 노란색이며 검은색 점무늬가 10쌍 있다.

참금록색잎벌레

몸길이: 6~9㎜ / 나타나는 때: 5~9월 / 먹이식물: 오리나무 / 보이는 곳: 논밭, 냇가, 습지, 계곡

앞가슴등판은 적갈색이며, 앞부분으로 갈수록 아주 좁아진다.

딱지날개는 청람색 또는 황록색이며, 광택이 난다.

노랑가슴녹색잎벌레 | 몸길이: 6~8㎜ / 나타나는 때: 4~10월 / 먹이식물: 다래나무 / 보이는 곳: 숲 가장자리, 낮은 산지

참금록색잎벌레 황록색형과 닮았으나,
앞가슴등판 모양이 다르다.

열점박이별잎벌레 | 몸길이: 10~14㎜ / 나타나는 때: 6~10월 / 먹이식물: 포도나무, 다래 / 보이는 곳: 논밭, 낮은 산지

우리나라 잎벌레 중 가장 크며,
딱지날개에 검은 점무늬가 10개 있다.

십이점박이잎벌레 | 몸길이: 8~10㎜ / 나타나는 때: 4~7월 / 먹이식물: 돌배나무, 사과나무 / 보이는 곳: 논밭, 낮은 산지

딱지날개에 주황색 '+' 자 무늬가 있다.

쌍색수염잎벌레 | 몸길이: 7㎜ 내외 / 나타나는 때: 4~7월 / 먹이식물: 돌배나무, 사과나무 / 보이는 곳: 논밭, 낮은 산지

딱지날개에 불규칙한 검은색 무늬가 5쌍 있다.

앞가슴등판은 적갈색이며, 뒷부분에 작고 검은 점이 1쌍 있다.

파잎벌레

| 몸길이: 11~12㎜ / 나타나는 때: 5~10월 / 먹이식물: 파, 부추, 원추리 / 보이는 곳: 논밭, 숲 가장자리, 낮은 산지

전체적으로 흑갈색이며,
딱지날개에 융기선이 4쌍 있다.

앞가슴등판 가장자리는 넓으며, 앞쪽이 각이 졌다.

한서잎벌레

| 몸길이: 10~11㎜ / 나타나는 때: 6~11월 / 먹이식물: 머위, 엉겅퀴 / 보이는 곳: 논밭, 숲 가장자리, 낮은 산지

파잎벌레와 닮았지만, 크기가 작고,
앞가슴등판 앞쪽이 각지지 않아 구별된다.

암갈색날개잎벌레 | 몸길이: 8mm 내외 / 나타나는 때: 8~10월 / 먹이식물: 단풍나무류, 고로쇠나무 / 보이는 곳: 숲 가장자리, 낮은 산지

앞가슴등판은 노란색 또는 황갈색이고, 대개 검은색 점무늬가 3개 있으나 개체마다 차이가 있다.

애참긴더듬이잎벌레 | 몸길이: 5mm 내외 / 나타나는 때: 5~10월 / 먹이식물: 버드나무류 / 보이는 곳: 냇가, 습지

앞가슴등판 가운데부분과 작은방패판은 검은색이고, 딱지날개 가장자리는 연황색이다.

돼지풀잎벌레

| 몸길이: 4~7㎜ / 나타나는 때: 6~11월 / 먹이식물: 국화과식물 / 보이는 곳: 냇가, 습지, 논밭, 공원, 숲 가장자리

전체적으로 황갈색이며, 딱지날개에 흑갈색 세로 줄무늬가 있다.

상아잎벌레

| 몸길이: 7~10㎜ / 나타나는 때: 3~8월 / 먹이식물: 호장근, 소리쟁이 / 보이는 곳: 냇가, 습지, 논밭, 공원, 숲 가장자리

전체적으로 검은색이며, 딱지날개에
불규칙한 노란색 띠무늬가 있다.

솔스키잎벌레

몸길이: 6~8mm / 나타나는 때: 4~6월 / 보이는 곳: 논밭, 공원, 숲 가장자리

머리와 다리는 검은색이고, 딱지날개 바탕은
황갈색이며 작은 점각이 줄지어 있다.

오리나무잎벌레

몸길이: 6~8mm / 나타나는 때: 4~8월 / 먹이식물: 오리나무, 버드나무류 /
보이는 곳: 낮은 산지, 숲 가장자리, 냇가, 습지

전체적으로 광택이 나는 흑청색이고,
딱지날개에 작은 점무늬가 촘촘하게 있다.

오이잎벌레

몸길이: 6~8㎜ / 나타나는 때: 4~11월 / 먹이식물: 오이, 배추, 호박 / 보이는 곳: 논밭, 냇가, 숲 가장자리, 낮은 산지

윗면은 진한 노란색 또는 주황색이고, 아랫면은 검은색이다.

앞가슴등판 가운데에 가로 홈줄이 있다.

검정오이잎벌레

몸길이: 6~7㎜ / 나타나는 때: 4~11월 / 먹이식물: 콩, 등나무, 팽나무 / 보이는 곳: 논밭, 냇가, 공원, 숲 가장자리, 낮은 산지

오이잎벌레와 닮았으나, 딱지날개가 광택이 나는 검은색이어서 구별된다.

크로바잎벌레

몸길이: 3~4㎜ / 나타나는 때: 6~10월 / 먹이식물: 가지, 호박, 들깨, 배추, 딸기 / 보이는 곳: 논밭, 냇가, 공원, 숲 가장자리

딱지날개 바탕은 검은색이며
앞쪽에 불투명한 흰색
또는 황백색 무늬가 1쌍 있고,
끝부분은 노란색이다.

어리발톱잎벌레

몸길이: 3~4㎜ / 나타나는 때: 5~9월 / 먹이식물: 때죽나무 / 보이는 곳: 숲 가장자리, 낮은 산지

딱지날개는 연한 황갈색이고,
앞부분 가장자리와 뒷부분 가장자리가
검은색 또는 흑갈색이다.

왕벼룩잎벌레

몸길이: 8~12mm / 나타나는 때: 5~9월 / 먹이식물: 붉나무, 옻나무 / 보이는 곳: 숲 가장자리, 낮은 산지

딱지날개 바탕은 적황색이며 복잡한 연황색 무늬가 있다.

황갈색잎벌레

몸길이: 5~6mm / 나타나는 때: 5~6월 / 먹이식물: 박주가리 / 보이는 곳: 숲 가장자리, 낮은 산지의 풀밭

딱지날개는 적갈색이며, 가장자리가 얇게 퍼져 테두리를 이룬다.

점날개잎벌레

몸길이: 3~4㎜ / 나타나는 때: 5~11월 / 보이는 곳: 논밭, 냇가, 공원, 숲 가장자리

전체적으로 광택이 나는 흑청색이고, 뒷다리의 넓적마디가 커 옆에서 보면 삼각형으로 튀어나온 것처럼 보인다.

남생이잎벌레

몸길이: 6~7㎜ / 나타나는 때: 5~9월 / 먹이식물: 명아주 / 보이는 곳: 논밭, 냇가, 공원, 숲 가장자리 풀밭

앞가슴등판이 방패처럼 부풀었다.

황갈색 바탕에 세로 융기선이 9개 있으며, 검은색 점무늬가 흩어져 있다.

적갈색남생이잎벌레 | 몸길이: 6mm 내외 / 나타나는 때: 5~10월 / 먹이식물: 쑥 / 보이는 곳: 논밭, 냇가, 공원, 숲 가장자리 풀밭

남생이잎벌레와 닮았으나,
적갈색을 띠고,
딱지날개 가운데부분이
크게 솟아 구별된다.

청남생이잎벌레 | 몸길이: 7~9mm / 나타나는 때: 5~7월 / 먹이식물: 엉겅퀴 / 보이는 곳: 논밭, 냇가, 공원, 숲 가장자리 풀밭

남생이잎벌레와 닮았으나, 대개 녹갈색이고,
딱지날개에 점무늬가 없어 구별된다.

모시금자라남생이잎벌레

몸길이: 6~7㎜ / 나타나는 때: 4~11월 / 먹이식물: 메꽃, 방아풀 / 보이는 곳: 냇가, 바닷가

광택이 있는 금빛이며, 더듬이 끝 두 마디가 검은색이다.

애남생이잎벌레

몸길이: 5~6㎜ / 나타나는 때: 4~11월 / 먹이식물: 명아주, 쇠무릎 / 보이는 곳: 논밭, 냇가, 바닷가의 풀밭

남생이잎벌레와 닮았으나, 딱지날개 가운데부분에 불규칙한 검은색 무늬가 있어 구별된다.

큰남생이잎벌레

몸길이: 7~9mm / 나타나는 때: 4~10월 / 먹이식물: 작살나무 / 보이는 곳: 숲 가장자리, 낮은 산지

애남생이잎벌레와 닮았으나, 크기가 크고 무늬가 있으며, 앞가슴등판이 적갈색이어서 구별된다.

루이스큰남생이 잎벌레

몸길이: 5~7mm / 나타나는 때: 5~8월 / 먹이식물: 쥐똥나무, 쇠물푸레나무 / 보이는 곳: 숲 가장자리, 산지

큰남생이잎벌레와 닮았으나, 황갈색이고, 딱지날개 앞쪽 가장자리에 갈색 무늬가 있다.

거위벌레

몸길이: 6~10㎜ (주둥이 제외) / 나타나는 때: 5~9월 / 먹이식물: 참나무류, 밤나무 / 보이는 곳: 산지 및 숲 가장자리

수컷

개암거위벌레와 닮았으나, 딱지날개 점각이 긴 사각형이다.

암컷

암컷은 수컷보다 머리가 짧다.

개암거위벌레

| 몸길이: 6~8mm (주둥이 제외) / 나타나는 때: 5~8월 / 먹이식물: 참나무류, 개암나무 / 보이는 곳: 산지 및 숲 가장자리

거위벌레와 닮았으나, 딱지날개 점각이 원형이다.

왕거위벌레

| 몸길이: 8~12mm (주둥이 제외) / 나타나는 때: 5~9월 / 먹이식물: 참나무류, 신갈나무 / 보이는 곳: 산지 및 숲 가장자리

수컷

암컷

암컷은 수컷보다 머리가 짧다.

거위벌레와 닮았으나, 배 옆면에 노란색 무늬가 3개 있어 구별된다.

분홍거위벌레

몸길이: 5~6mm (주둥이 제외) / 나타나는 때: 5~7월 / 먹이식물: 물푸레나무 / 보이는 곳: 산지 및 숲 가장자리

전체적으로 적갈색이고, 뒷다리 넓적마디 끝부분이 흑갈색이다.

등빨간거위벌레

몸길이: 7mm 내외(주둥이 제외) / 나타나는 때: 5~9월 / 먹이식물: 느티나무, 느릅나무 / 보이는 곳: 마을, 산지 및 숲 가장자리

머리, 앞가슴등판 및 다리는 주황색 또는 붉은색, 딱지날개는 군청색이다.

노랑배거위벌레

몸길이: 4㎜ 내외(주둥이 제외) / 나타나는 때: 5~7월 / 먹이식물: 싸리 / 보이는 곳: 논밭, 냇가, 숲 가장자리

전체적으로 검은색이며, 배가 노란색이다.

꼬마혹등목거위벌레
(꼬마혹거위벌레)

몸길이: 약 6㎜ (주둥이 제외) / 나타나는 때: 5~8월 / 먹이식물: 쐐기풀류, 모시풀류 / 보이는 곳: 산지 및 숲 가장자리

전체적으로 청람색이며, 딱지날개에 돌기가 있다.

다리는 노란색이며, 뒷다리 넓적다리 끝부분은 흑청색이다.

도토리밤바구미

설명몸길이: 6~15㎜ (주둥이 제외) / 나타나는 때: 4~10월 / 먹이식물: 밤나무, 참나무류 / 보이는 곳: 산지 및 숲 가장자리

밤바구미와 닮았으나, 딱지날개에 갈색 점무늬가 고르게 퍼져 있고, 뒷부분의 흰 부분이 좁아 구별된다.

머리는 작고, 주둥이가 앞으로 길게 늘어났다.

흰점박이꽃바구미

몸길이: 5~7㎜ (주둥이 제외) / 나타나는 때: 5~9월 / 보이는 곳: 꽃이 핀 식물

전체적으로 검은색이며 딱지날개에 다양한 흰색 또는 노란색 무늬가 있다.

환삼덩굴좁쌀바구미 | 몸길이: 3㎜ 내외(주둥이 제외) / 나타나는 때: 5~9월 / 먹이식물: 한삼 덩굴 / 보이는 곳: 냇가, 습지, 논밭, 마을 주변

몸은 작고, 뚱뚱하며, 딱지날개 앞쪽 접합부가 흰색이다.

앞가슴등판 가운데부분과 옆면에 가늘고 흰 줄무늬가 있다.

팥바구미
(콩바구미과)

| 몸길이: 2~3㎜ (주둥이 제외) / 나타나는 때: 연중(어른벌레) / 먹이식물: 콩 과식물 / 보이는 곳: 냇가, 습지, 논밭, 곡식 창고

앞가슴등판 뒷부분에 짧고 흰 무늬가 있다.

암컷의 경우, 더듬이가 사슴 뿔 모양이다.

딱지날개 바탕은 황갈색이며 검은색, 흰색 무늬가 어우러졌다.

솔곰보바구미

| 몸길이: 9~13㎜ (주둥이 제외) / 나타나는 때: 5~9월 / 먹이식물: 소나무 /
보이는 곳: 소나무 숲, 산지

갈색털곰보바구미와 닮았으나, 딱지날개의
황갈색 띠무늬 모양이 달라 구별된다.

흰모무늬곰보바구미

| 몸길이: 5~8㎜ (주둥이 제외) / 나타나는 때: 4~10월 / 보이는 곳: 산지,
숲 가장자리

딱지날개에 마름모꼴 흰색 무늬가 있다.

노랑쌍무늬바구미 | 몸길이: 5~11㎜ (주둥이 제외) / 나타나는 때: 4~10월 / 먹이식물: 버드나무류 / 보이는 곳: 냇가, 습지

딱지날개에 흰색 또는 노란색 'ㅅ' 자 무늬가 1쌍 있다.

배자바구미 | 몸길이: 8~11㎜ (주둥이 제외) / 나타나는 때: 4~9월 / 먹이식물: 칡 / 보이는 곳: 냇가, 논밭, 산길 주변

흰색과 검은색이 어우러져
새똥과 닮았다.

채소바구미

몸길이: 7~8㎜ (주둥이 제외) / 나타나는 때: 4~10월 / 먹이식물: 십자화과 식물 / 보이는 곳: 냇가, 논밭, 마을 주변

온몸이 털로 덮였으며, 딱지날개 뒷부분에 불투명한 흰색 무늬가 뚜렷하다

둥근혹바구미

몸길이: 9~13㎜ (주둥이 제외) / 나타나는 때: 5~7월 / 보이는 곳: 산지, 숲 가장자리

앞가슴등판 가운데와 양옆에 검은색 세로 융기선이 있으며, 딱지날개의 점각이 크고 뚜렷하다.

혹바구미

몸길이: 12~17㎜ (주둥이 제외) / 나타나는 때: 5~8월 / 먹이식물: 칡, 아까시나무, 싸리, 뽕나무 / 보이는 곳: 냇가, 논밭, 숲 가장자리

전체적으로 주름졌으며, 딱지날개에는 큰 돌기가 여러 개 있다.

황초록바구미

몸길이: 12~24㎜ (주둥이 제외) / 나타나는 때: 6~8월 / 보이는 곳: 수변

더듬이와 다리에 분홍색 인편이 촘촘하게 덮여 있다.

전체적으로 광택이 나는 초록색이며, 앞가슴등판과 딱지날개 가장자리가 노란색이다.

털보바구미

몸길이: 7~8mm (주둥이 제외) / 나타나는 때: 5~7월 / 보이는 곳: 산지, 숲 가장자리

딱지날개 바탕은 검은색이며 흰색 줄무늬가 뒷부분까지 있다.

수컷은 뒷다리 종아리마디에 긴 털 뭉치가 있다.

큰뚱보바구미

몸길이: 7~8mm (주둥이 제외) / 나타나는 때: 4~10월 / 먹이식물: 콩과식물 (토끼풀) / 보이는 곳: 논밭, 냇가, 마을 주변

앞가슴등판은 좁고, 딱지날개는 넓적해 뚱뚱하게 보이며, 세로 줄이 여러 개 있다.

길쪽바구미

몸길이: 8~12㎜ (주둥이 제외) / 나타나는 때: 5~9월 / 보이는 곳: 논밭, 냇가, 마을 주변, 숲 가장자리

몸은 긴 방추형이고, 적갈색이며, 딱지날개는 얼룩덜룩하다.
적갈색 비늘이 떨어지면 구별하기 어렵다.

점박이길쪽바구미

몸길이: 8~11㎜ (주둥이 제외) / 나타나는 때: 5~9월 / 보이는 곳: 논밭, 냇가, 마을 주변, 숲 가장자리

길쪽바구미와 닮았으나,
날개 끝이 둥그스름하고,
적갈색 비늘이 줄무늬처럼 보인다.

흰띠길쭉바구미

몸길이: 9~14mm (주둥이 제외) / 나타나는 때: 5~9월 / 먹이식물: 쑥 / 보이는 곳: 논밭, 냇가, 마을 주변, 숲 가장자리

딱지날개 무늬가 흰줄바구미와 닮았으나, 몸이 날씬하고, 주둥이에 흰색 줄무늬가 없어 구별된다.

민가슴바구미

몸길이: 8~11mm (주둥이 제외) / 나타나는 때: 6~9월 / 보이는 곳: 산지, 숲 가장자리

앞가슴등판과 딱지날개 가운데부분이 넓게 적갈색이다.

왕바구미
(왕바구미과)

몸길이: 15~35㎜ (주둥이 제외) / 나타나는 때: 5~9월 / 보이는 곳: 산지, 숲 가장자리

바구미 중 가장 크며, 온몸에 점각이 좁쌀처럼 돋았다.

흰줄왕바구미
(왕바구미과)

몸길이: 9~15㎜ (주둥이 제외) / 나타나는 때: 6~9월 / 보이는 곳: 산지, 숲 가장자리

왕바구미와 닮았으나, 앞가슴등판과 딱지날개에 흰색 줄무늬가 있어 구별된다.

애홍날개
(홍날개과)

몸길이: 7~9㎜ / 나타나는 때: 4~5월 / 보이는 곳: 양지바른 산책로, 숲 가장자리

홍날개와 닮았으나 크기가 작고, 앞가슴등판이 붉은색이어서 구별된다.

노랑무늬의병벌레
(의병벌레과)

몸길이: 5~6㎜ / 나타나는 때: 5~6월 / 먹이: 포식성(작은 곤충의 어른벌레, 애벌레) / 보이는 곳: 습지, 연못, 냇물 주변의 풀밭

머리 앞쪽, 앞가슴등판 가장자리, 딱지날개 끝부분이 노란색이다.

목대장
(목대장과)

몸길이: 13~14mm / 나타나는 때: 5~6월 / 보이는 곳: 산지 및 숲 가장자리

앞가슴등판 앞쪽이 뒤쪽보다 좁아
긴 종 모양으로 보인다.

개체에 따라 몸 색깔에 차이가 있으며,
줄무늬가 나타나기도 한다.

큰알통다리하늘소붙이
(하늘소붙이과) | 몸길이: 8~12mm / 나타나는 때: 4~5월 / 보이는 곳: 냇가, 습지, 논밭, 숲 가장자리의 꽃핀 곳

앞가슴등판이 붉은색이다.

수컷은 뒷다리 넓적마디가 매우 굵다.

애알락수시렁이
(수시렁이과) | 몸길이: 3mm 내외 / 나타나는 때: 5~6월 / 보이는 곳: 냇가, 논밭, 마을, 숲 가장자리의 꽃핀 곳

황갈색 비늘가루 바탕에 흰색 비늘가루로 된 무늬가 있어 얼룩져 보인다.

고려나무쑤시기
(나무쑤시기과)

| 몸길이: 12~19㎜ / 나타나는 때: 5~8월 / 보이는 곳: 산지 및 숲 가장자리의 수액이 흐르는 곳

딱지날개에 점각으로 된
노란색 무늬가 2쌍 있다.

큰남색잎벌레붙이
(잎벌레붙이과)

| 몸길이: 15~16㎜ / 나타나는 때: 5~9월 / 보이는 곳: 참나무가 많은 야산, 벚나무가 많은 곳

전체적으로 청람색이고,
흰 털이 촘촘하게 있다.

황호리병잎벌

몸길이: 12mm 내외 / 나타나는 때: 4~6월 / 먹이식물: 쇠별꽃 / 보이는 곳:
냇가, 논밭, 숲 가장자리의 꽃핀 곳

앞쪽 각 배마디의 끝부분은
노란색이고, 뒤쪽 배마디는
전체가 황갈색 또는 적갈색이다.

검은끝잎벌

몸길이: 16mm 내외 / 나타나는 때: 4~6월 / 보이는 곳: 산지 능선 및 숲 가장
자리

앞날개 끝부분이 흑청색이다.

띠호리잎벌

| 몸길이: 13mm 내외 / 나타나는 때: 5~6월 / 먹이식물: 댕강나무류 / 보이는 곳: 산지 및 숲 가장자리

배 3마디의 전체, 4마디의 양옆,
8, 9마디의 윗면 쪽이 노란색이다.

소백잎벌

| 몸길이: 13mm 내외 / 나타나는 때: 5~6월 / 먹이식물: 댕강나무류 / 보이는 곳: 산지 및 숲 가장자리

우치다잎벌과 닮았으나,
겹눈 사이의 무늬가 달라
구별된다.

전체적으로 연두색이며, 앞가슴등판에
검은색 점무늬가 3개 있다.

구리수중다리잎벌
(수중다리잎벌과)
몸길이: 15mm 내외 / 나타나는 때: 5~8월 / 보이는 곳: 산지 및 숲 가장자리

전체적으로 뚱뚱하고,
배마디 사이가 튀어나와
구릿빛이 난다.

배수중다리잎벌
(수중다리잎벌과)
몸길이: 16mm 내외 / 나타나는 때: 5~8월 / 보이는 곳: 산지 및 숲 가장자리

앞가슴등판은 적갈색이고, 검은색 줄무늬가 있으며,
가장자리는 노란색이다.

머리, 다리, 배 끝부분은 적갈색이다.

큰호리병벌

몸길이: 15~23㎜ 내외 / 나타나는 때: 6~10월 / 겨울나기: 종령 애벌레 / 보이는 곳: 논밭, 묘지, 시골 마을

가슴 양 가장자리와
2배마디 뒷부분이 노란색이다.

배자루가 길고,
끝부분이 좁게 노란색이다.

점호리병벌

몸길이: 11~12㎜ / 나타나는 때: 7~9월 / 보이는 곳: 논밭, 시골 마을, 숲 가장자리

배자루는 길고, 2배마디 가운데부분에
노란색 점무늬가 있다.

황점호리병벌과 닮았으나, 가슴 옆면에
노란색 점무늬가 없어 구별된다.

별감탕벌

몸길이: 8~11mm / 나타나는 때: 6~10월 / 보이는 곳: 논밭, 숲 가장자리, 산지

십자감탕벌과 닮았으나, 앞쪽 검은색 무늬가
십자 모양이 아니어서 구별된다.

줄무늬감탕벌

몸길이: 18mm 내외 / 나타나는 때: 6~10월 / 보이는 곳: 진흙 벽이 있는 시골 마을, 논밭

노란색 줄무늬
가운데부분에 짧고
검은 줄무늬가 있다.

두줄감탕벌과 닮았으나,
앞가슴등판에 노란색 무늬가
없어 구별된다.

파피꼬마감탕벌
(한국꼬마감탕벌)

몸길이: 7~8㎜ / 나타나는 때: 6~10월 / 보이는 곳: 시골 마을, 논밭 및 숲 가장자리

배끝들린꼬마감탕벌과 닮았으나, 앞가슴등판과 뒷가슴등판의 노란색 무늬가 작고 가늘어서 구별된다.

두눈박이쌍살벌

몸길이: 16㎜ 내외 / 나타나는 때: 4~10월 / 보이는 곳: 냇가 풀밭, 논밭, 숲 가장자리

2배마디에 노란색 무늬 1쌍이 뚜렷하다.

별쌍살벌

몸길이: 14mm 내외 / 나타나는 때: 4~10월 / 보이는 곳: 냇가 풀밭, 논밭, 마을

집을 한쪽으로
계속 만들어간다.

작은방패판의 노란색 무늬가 크다.

어리별쌍살벌

몸길이: 15mm 내외 / 나타나는 때: 4~10월 / 보이는 곳: 냇가 풀밭, 논밭, 마을

별쌍살벌과 닮았으나, 작은방패판의
노란색 무늬가 작아 구별된다.

얼굴 아랫부분이 붉은색이다.

뱀허물쌍살벌

몸길이: 18㎜ 내외 / 나타나는 때: 4~9월 / 보이는 곳: 마을 및 숲 가장자리

가슴 바탕이 노란색이며 암갈색 줄무늬가 어우러졌다.

2배마디의 암갈색 부분이 좁다.

집 모양이 뱀 허물 모양과 비슷하다. 큰뱀허물쌍살벌 집은 둥글다.

큰뱀허물쌍살벌

몸길이: 18㎜ 내외 / 나타나는 때: 4~9월 / 보이는 곳: 낮은 산지, 숲 가장자리

뱀허물쌍살벌과 닮았으나, 위에서 볼 때 배자루의 암갈색 부분이 넓어 구별된다.

등검정쌍살벌

| 몸길이: 21mm 내외 / 나타나는 때: 4~10월 / 보이는 곳: 논밭, 마을 및 숲 가장자리

몸은 검은색이며, 황갈색 띠무늬가 있다.

머리방패가 좁고, 하단부는 사선으로 날렵한 삼각형을 이룬다.

넓적마디 끝부분부터 발마디까지 노란색이다.

말벌

| 몸길이: 25mm 내외 / 나타나는 때: 4~10월 / 보이는 곳: 마을 주변, 숲 가장자리, 산지

어깨판과 1배마디 등판이 적갈색이다.

배마디의 검은색 무늬가 물결 모양을 이룬다.

좀말벌

몸길이: 27mm 내외 / 나타나는 때: 4~10월 / 보이는 곳: 참나무가 많은 낮은 산지

말벌과 닮았으나, 배마디의 검은색 무늬가 넓고, 물결 모양을 이루지 않아 구별된다.

검정말벌

몸길이: 25mm 내외 / 나타나는 때: 4~10월 / 보이는 곳: 참나무가 많은 낮은 산지

말벌과 닮았으나, 배마디가 전체적으로 검은색이어서 구별된다.

털보말벌

| 몸길이: 24㎜ 내외 / 나타나는 때: 4~10월 / 보이는 곳: 마을 주변, 숲 가장 자리, 산지

말벌과 닮았으나, 몸 전체에 길고 노란 털이 빽빽해 구별된다.

앞가슴등판과 작은방패판에 작은 주황색 무늬가 있다.

넓적마디는 검은색이다.

장수말벌

| 몸길이: 35㎜ 내외 / 나타나는 때: 4~10월 / 보이는 곳: 마을 주변, 참나무 가 많은 낮은 산지

말벌과 닮았으나, 크기가 매우 크고, 머리의 뺨이 겹눈의 2배 정도 커서 구별된다.

꼬마장수말벌

| 몸길이: 28㎜ 내외 / 나타나는 때: 4~10월 / 보이는 곳: 마을 주변, 참나무
가 많은 낮은 산지

장수말벌과 닮았으나, 배 앞부분
마디가 적갈색이고, 끝마디 전체가
검은색이어서 구별된다.

참땅벌

| 몸길이: 18㎜ 내외 / 나타나는 때: 4~10월 / 보이는 곳: 마을 주변, 참나무가
많은 낮은 산지

어깨판과 가슴등판의 줄무늬가 노란색이다.

배마디의 검은색 무늬가
물결 모양을 이룬다.

양봉꿀벌

몸길이: 12mm 내외 / 나타나는 때: 3~11월 / 보이는 곳: 냇가, 논밭, 숲 가장자리의 꽃핀 곳

1, 2배마디의 노란색 부분이 넓다.

재래꿀벌

몸길이: 12mm 내외 / 나타나는 때: 3~11월 / 보이는 곳: 냇가, 논밭, 숲 가장자리의 꽃핀 곳

양봉꿀벌과 닮았으나, 바탕이 검은 배마디에 노란색 띠무늬가 가늘어 구분된다.

왜알락꽃벌

몸길이: 13mm 내외 / 나타나는 때: 4~9월 / 보이는 곳: 냇가, 논밭, 숲 가장자리의 꽃핀 곳

1배마디는 적갈색이고, 그 뒤로
노란색 점무늬 1쌍이 뚜렷하다.

호박벌

몸길이: 20mm 내외 / 나타나는 때: 4~9월 / 보이는 곳: 들판, 논밭, 숲 가장자리의 꽃핀 곳

온몸이 긴 털로 덮였으며,
배 끝부분이 주황색이다.

어리호박벌

몸길이: 23㎜ 내외 / 나타나는 때: 4~10월 / 보이는 곳: 들판, 논밭, 숲 가장자리의 꽃핀 곳

호박벌과 닮았으나, 가슴이 담황색이고,
배는 검은색이어서 구별된다.

등빨간갈고리벌
(갈고리벌과)

몸길이: 9~11mm / 나타나는 때: 6~10월 / 습성: 호랑나비과 번데기에 기생 / 보이는 곳: 낮은 산지 및 숲 가장자리

가슴 윗부분은 붉은색이고, 뒤쪽으로 노란 무늬가 있다.

배 가운데에 넓은 가로 테 무늬가 있다.

무늬수중다리좀벌
(수중다리좀벌과)

몸길이: 5~7mm / 나타나는 때: 5~9월 / 습성: 나비목 및 파리목 번데기에 기생 / 보이는 곳: 낮은 산지 및 숲 가장자리

뒷다리 넓적마디가 알통 모양이고 휘었으며, 말단부에 노란색 무늬가 있다.

털보자루맵시벌
(맵시벌과)

몸길이: 8~10㎜ / 나타나는 때: 4~9월 / 보이는 곳: 마을 주변, 낮은 산지 및 숲 가장자리

더듬이가 길고, 채찍마디가 50~52절이어서 다른 자루맵시벌류와 구별된다.

앞다리, 가운뎃다리, 뒷다리의 발마디가 노란색이다.

두색맵시벌
(맵시벌과)

몸길이: 14~16㎜ / 나타나는 때: 5~9월 / 습성: 호랑나비과 번데기에 기생 / 보이는 곳: 낮은 산지 및 숲 가장자리

가슴은 주황색, 배는 검은색이다.

날개 끝부분이 검은색이다

왜청벌
(청벌과)

| 몸길이: 7~9㎜ / 나타나는 때: 5~8월 / 보이는 곳: 시골 마을, 낮은 산지

끝보라청벌과 닮았으나, 배 전체가 붉은색이다.

황띠배벌
(배벌과)

| 몸길이: 20㎜ 내외 / 나타나는 때: 6~10월 / 보이는 곳: 낮은 산지 및 숲 가장자리의 꽃핀 곳

암컷

홍조배벌과 닮았으나 배 가운데부분에 노란색 무늬가 있으며, 작고 검은 무늬가 있다.

나나니
(구멍벌과)

몸길이: 20㎜ 내외 / 나타나는 때: 7~9월 / 보이는 곳: 산길 및 논밭

배 앞부분이 주황색이고, 등 쪽에 검은 무늬가 있다.

노랑점나나니
(구멍벌과)

몸길이: 19㎜ 내외 / 나타나는 때: 7~9월 / 보이는 곳: 시골 마을, 낮은 산지

배자루는 매우 길다.

가슴 양옆에 노란색 점무늬가 있다.

왜코벌
(구멍벌과)

| 몸길이: 20~23mm / 나타나는 때: 8~9월 / 보이는 곳: 냇가, 바닷가

각 배마디의 검은색 무늬가 물결 모양이고,
3배마디에 작고 검은 점무늬가 있다.

긴얼굴애꽃벌
(애꽃벌과)

| 몸길이: 11mm 내외 / 나타나는 때: 5~6월 / 보이는 곳: 낮은 산지 및 숲 가장
자리

쉴 때 긴 입을 쭉 내미는 모습이 종종 보인다.

구리꼬마꽃벌
(꼬마꽃벌)

몸길이: 8mm 내외 / 나타나는 때: 5~10월 / 보이는 곳: 들판, 논밭의 꽃핀 곳

크기가 작고, 금속성 광택이 나는
구릿빛을 띤다.

털보애꽃벌
(털보애꽃벌과)

몸길이: 13mm 내외 / 나타나는 때: 5~9월 / 보이는 곳: 들판, 논밭, 낮은 산지
의 꽃핀 곳

다리에 길고 노란 털이 빽빽하다.

참밑들이

몸길이: 14㎜ 내외 / 나타나는 때: 5~8월 / 보이는 곳: 저수지, 계곡 가, 숲 가장자리

날개 앞부분의 검은색 무늬 3개가 거의 붙어 있다.

날개 끝의 무늬와 연결되지 않았고, 긴 삼각형이다.

아무르밑들이

몸길이: 13㎜ 내외 / 나타나는 때: 8~9월 / 보이는 곳: 산지 및 숲 가장자리

참밑들이와 닮았으나 몸이 노란색이며, 날개 앞부분의 검은색 점무늬가 작고 떨어져 있어 구별된다.

에조각다귀

몸길이: 20mm 내외 / 나타나는 때: 5~8월 / 보이는 곳: 논밭, 숲 가장자리의 축축한 곳

날개 끝부분에 크고 검은 점무늬가 있다.

대모각다귀

몸길이: 13~17mm / 나타나는 때: 5~9월 / 보이는 곳: 냇가, 논밭, 숲 가장자리의 축축한 곳

에조각다귀와 닮았으나, 날개 끝부분뿐만 아니라 날개 가운데부분이 검은색을 띠어서 구별된다.

황나각다귀

몸길이: 15~17mm / 나타나는 때: 4~9월 / 보이는 곳: 냇가, 들판, 논밭, 숲 가장자리의 축축한 곳

검은 줄무늬가 방패판에 2개, 뒷가슴방패판에 1개 있다.

아이노각다귀

몸길이: 14~18mm / 나타나는 때: 5~10월 / 보이는 곳: 냇가, 들판, 논밭, 숲 가장자리의 축축한 곳

날개 앞가장자리가 흑갈색이다.

중맥 자루가 갈색으로 뚜렷하다.

잠자리각다귀

몸길이: 30㎜ 내외 / 나타나는 때: 4~9월 / 보이는 곳: 냇가, 계곡 가, 숲 가장자리의 축축한 곳

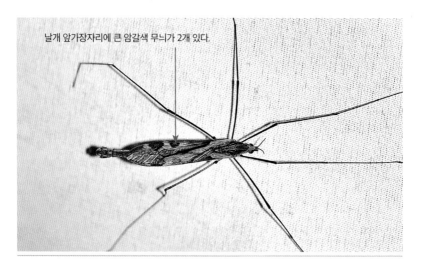

날개 앞가장자리에 큰 암갈색 무늬가 2개 있다.

애잠자리각다귀

몸길이: 17~19㎜ / 나타나는 때: 6~9월 / 보이는 곳: 냇가, 계곡 가, 숲 가장자리의 축축한 곳

잠자리각다귀와 닮았으나, 암갈색 부분이 있어서 날개 가운데부분에 흰색 무늬가 있는 것처럼 보인다.

깨다시등에

몸길이: 10~13㎜ / 나타나는 때: 6~8월 / 보이는 곳: 논밭, 시골 마을, 숲 가장자리

날개에는 가늘고 흰 물결 무늬가 복잡하게 있다.

북방등에

몸길이: 9~11㎜ / 나타나는 때: 5~8월 / 보이는 곳: 낮은 산지, 계곡 가, 숲 가장자리

깨다시등에와 닮았으나, 날개 끝에 흰색 줄무늬가 있어 구별된다.

재등에

몸길이: 17~19mm / 나타나는 때: 6~9월 / 먹이: 식식성(나무 수액) / 보이는 곳: 낮은 산지, 계곡 가, 숲 가장자리

배 가운데부분에 삼각형 흰색 무늬가 줄지어 있다.

갈로이스등에

몸길이: 19~20mm / 나타나는 때: 6~8월 / 먹이: 식식성(나무 수액) / 보이는 곳: 산지, 숲 가장자리

재등에와 닮았으나, 배 가운데부분의 무늬가 반원형이며, 3, 4배마디의 무늬가 크다.

왕소등에

몸길이: 21~26mm / 나타나는 때: 6~8월 / 먹이: 흡혈성(소 피) / 보이는 곳: 논밭, 시골 마을, 숲 가장자리

가슴 위쪽에 노란색 세로 줄무늬가 1쌍 있다.

배마디 끝부분이 노란색이다.

황등에붙이

몸길이: 12~14mm / 나타나는 때: 7~9월 / 먹이: 흡혈성(암컷) / 보이는 곳: 냇가, 논밭, 시골 마을의 풀밭

온몸에 짧은 황갈색 털이 촘촘하게 있다.

동애등에
(동애등에과)

몸길이: 13~20㎜ / 나타나는 때: 6~9월 / 보이는 곳: 냇가, 논밭, 시골 마을 주변

전체적으로 검은색이며,
2배마디는 흰색이다.

아메리카동애등에
(동애등에과)

몸길이: 12~20㎜ / 나타나는 때: 4~11월 / 보이는 곳: 논밭, 시골 마을 주변

동애등에와 닮았으나, 등판 가운데
양 가장자리가 움푹 들어갔고,
다리의 발마디가 흰색이어서 구별된다.

히라야마동애등에
(동애등에과)

몸길이: 10~13㎜ / 나타나는 때: 5~7월 / 보이는 곳: 냇가, 숲 가장자리

배가 넓적하며, 온몸이 금색 털로 덮였다.

범동애등에
(동애등에과)

몸길이: 10~13㎜ / 나타나는 때: 6~9월 / 보이는 곳: 냇가, 논밭, 풀밭

배는 녹색 또는 노란색이며,
검은색 물결무늬가 있다.

줄동애등에
(동애등에과)

몸길이: 14~16㎜ / 나타나는 때: 5~8월 / 보이는 곳: 산지, 숲 가장자리

배마디 양 가장자리가 노란색이다.

방울동애등에
(동애등에과)

몸길이: 7~9㎜ / 나타나는 때: 5~6월 / 보이는 곳: 논밭, 마을, 숲 가장자리

배는 짧고 뚱뚱하며, 날개는 황갈색으로 길다.

꼽추등에
(꼽추등에과)

몸길이: 10~12㎜ / 나타나는 때: 5~6월 / 보이는 곳: 산지, 숲 가장자리

가슴 위쪽이 심하게 굽었다.

빌로오도재니등에
(재니등에과)

몸길이: 8~12㎜ / 나타나는 때: 4~6월 / 보이는 곳: 논밭, 산길, 숲 가장자리

온몸에 긴 황갈색 털이 있으며,
날개 앞가장자리가 흑갈색이다.

탕재니등에
(재니등에과)

몸길이: 7~11㎜ / 나타나는 때: 4~6월 / 보이는 곳: 냇가, 논밭, 산길, 숲 가장자리

온몸에 길고 검은 털이 있으며, 날개 1/2정도가 검은색이다.

노랑털재니등에
(재니등에과)

몸길이: 11~16㎜ / 나타나는 때: 7~9월 / 보이는 곳: 산길, 숲 가장자리

노란색 털이 촘촘하게 있다.

스즈키나나니등에 | 몸길이: 13~17㎜ / 나타나는 때: 8~9월 / 보이는 곳: 산길, 숲 가장자리
(재니등에과)

배가 매우 길고, 가슴 양 가장자리에
노란색 점무늬가 3개씩 있다.

파리매

몸길이: 25~28mm / 나타나는 때: 6~8월 / 보이는 곳: 들판, 논밭, 시골 마을, 숲 가장자리

수컷은 배 끝에 흰색 털 뭉치가 있다. 암컷은 산란관 때문에 배 끝이 뾰족해 보이며, 끝부분은 남청색이다.

왕파리매

몸길이: 20~28mm / 나타나는 때: 6~8월 / 보이는 곳: 들판, 논밭, 시골 마을, 숲 가장자리

전체적으로 황갈색 털이 촘촘하고, 눈은 금속성 빛깔을 띤다.

각 다리의 종아리마디가 주황색이다.

호랑무늬파리매

몸길이: 19~24mm / 나타나는 때: 7~8월 / 보이는 곳: 들판, 시골 마을, 바닷가

수컷

배마디 끝부분의 노란색 무늬가
비스듬해 아래쪽이 넓어 보인다.

암컷

가슴 양 가장자리에
검은색 점무늬 2개가 뚜렷하다.

산란관

광대파리매

몸길이: 17~20mm / 나타나는 때: 4~7월 / 보이는 곳: 들판, 논밭, 시골 마을, 숲 가장자리

가슴등판의 가로 줄 2개가 흰 가루로 덮였다.

검정파리매

몸길이: 22~25mm / 나타나는 때: 7~9월 / 보이는 곳: 들판, 시골 마을, 숲 가장자리

다리 안쪽은 노란색 털로 덮였으며, 바깥쪽은 검은색이다.

뒤영벌파리매 | 몸길이: 20~22㎜ / 나타나는 때: 4~8월 / 보이는 곳: 산지, 숲 가장자리

배 앞쪽은 검은색이고, 뒤쪽은 주황색이다.

빨간뒤영벌파리매 | 몸길이: 23~24㎜ / 나타나는 때: 5~8월 / 보이는 곳: 산지, 숲 가장자리

뒤영벌파리매와 닮았으나, 다리와 가슴
뒤쪽에 적황색 또는 노란색 털이 있어
구별된다.

넓적꽃등에 | 몸길이: 14~17㎜ / 나타나는 때: 5~8월 / 보이는 곳: 산지 및 숲 가장자리

가슴 가장자리에 노란색 털이 촘촘하고,
가운데부분은 구릿빛 광택이 난다.

배는 넓적하며, 배마디 말단부에
검은색 띠무늬가 있다.

검정넓적꽃등에 | 몸길이: 10~12㎜ / 나타나는 때: 5~10월 / 보이는 곳: 산지 및 숲 가장자리

배는 광택이 있는 흑청색이고,
은회색 가로 띠무늬가 있다.

두줄꽃등에

몸길이: 12~14mm / 나타나는 때: 4~10월 / 보이는 곳: 논밭, 시골 마을, 숲 가장자리

배의 노란색 줄무늬 밑쪽이 물결 모양을 이룬다.

호리꽃등에

몸길이: 11~12mm / 나타나는 때: 4~11월 / 보이는 곳: 냇가, 논밭, 시골 마을, 공원, 숲 가장자리

가슴등판은 청동색이고, 세로 줄무늬가 있다.

배 무늬는 개체마다 차이가 심하나, 대개 굵고 검은 줄무늬와 연접한 가는 줄무늬가 있다.

별넓적꽃등에

몸길이: 8~10mm / 나타나는 때: 4~10월 / 보이는 곳: 논밭, 시골 마을, 숲 가장자리

사진은 암컷이나,
수컷은 겹눈이 붙었다.

암컷

암컷은 겹눈이 떨어졌다.

배에는 노란색 무늬 3쌍이 뚜렷하며,
끝부분 가운데에 검은색 무늬가 있다.

물결넓적꽃등에

몸길이: 10~12mm / 나타나는 때: 4~10월 / 보이는 곳: 논밭, 시골 마을, 공원, 숲 가장자리

별넓적꽃등에와 닮았으나,
배의 2, 3번째 노란색 무늬가
거의 붙어서 구별된다.

육점박이꽃등에

몸길이: 13~15㎜ / 나타나는 때: 4~11월 / 보이는 곳: 논밭, 공원, 숲 가장자리, 산지

물결넓적꽃등에와 닮았으나,
배 끝부분 전체가 검은색이어서 구별된다.

닻무늬꽃등에

몸길이: 11~16㎜ / 나타나는 때: 4~11월 / 보이는 곳: 논밭, 시골 마을, 숲 가장자리

배는 흑청색으로 넓적하고, 2, 3번째 무늬가 비스듬하다.

좀넓적꽃등에

몸길이: 11~12㎜ / 나타나는 때: 4~10월 / 보이는 곳: 논밭, 공원, 숲 가장자리, 산지

겹눈에 짧고 흰 털이 없어 매끈하다.

앞다리 넓적마디가 노란색이다.

배마디의 노란색 무늬가 넓으며,
2, 3번째 노란색 무늬는 물결 모양이다.

털좀넓적꽃등에

몸길이: 11~12㎜ / 나타나는 때: 3~11월 / 보이는 곳: 논밭, 공원, 숲 가장자리, 마을

좀넓적꽃등에와 닮았으나,
겹눈에 짧고 흰 털이 촘촘하게 있어
구별된다.

배마디의 노란색 무늬가 좁은 편이다.

꼬마꽃등에

몸길이: 8~9mm / 나타나는 때: 4~11월 / 보이는 곳: 냇가, 공원, 논밭, 시골 마을, 숲 가장자리

가슴등판은 광택이 나며, 작은방패판은 노란색이다.

수컷

암컷

크기가 작고, 배에 검은색 띠무늬가 있다. 개체마다 차이가 있다.

쟈바꽃등에

몸길이: 8~10mm / 나타나는 때: 5~10월 / 보이는 곳: 냇가, 공원, 논밭, 시골 마을, 숲 가장자리

꼬마꽃등에와 닮았으나, 배 끝부분에 검은색 점무늬가 있어 구별된다.

고려꽃등에

몸길이: 5~6mm / 나타나는 때: 4~11월 / 보이는 곳: 냇가, 습지, 공원, 논밭, 숲 가장자리

수컷

크기가 매우 작고,
배에 띠무늬가 없다.

개체마다 차이가 있지만,
수컷 배 말단부가 주황색이다.

암컷

암컷은 광택이 나며
전체적으로 검다.

광붙이꽃등에

몸길이: 7~8mm / 나타나는 때: 4~10월 / 보이는 곳: 냇가, 습지, 공원, 논밭, 숲 가장자리

암컷

광꽃등에 암컷과 닮았으나,
배마디의 노란색 무늬가
커서 구별된다.

알통다리꽃등에 | 몸길이: 7~9㎜ / 나타나는 때: 5~10월 / 보이는 곳: 냇가, 습지, 공원, 논밭, 숲 가장자리

뒷다리 넓적마디가 매우 굵고, 아래쪽에는 톱니 모양 작은 돌기가 있다.

끝검정알락꽃등에 | 몸길이: 9~14㎜ / 나타나는 때: 6~11월 / 보이는 곳: 논밭, 숲 가장자리

날개 전연부와 끝부분은 검은색이다.

2배마디가 가늘고 길다.

넉점박이꽃등에 | 몸길이: 8~12㎜ / 나타나는 때: 5~10월 / 보이는 곳: 논밭, 숲 가장자리

배의 노란색 무늬가 크고 가운데부분이
떨어져 있어 점무늬로 보인다.

검정대모꽃등에 | 몸길이: 16~19㎜ / 나타나는 때: 6~9월 / 보이는 곳: 산지, 숲 가장자리

어리대모꽃등에와 닮았지만, 2배마디 등판
뒷부분이 검은색이어서 구별된다.

장수말벌집대모꽃등에 | 몸길이: 12~16㎜ / 나타나는 때: 6~9월 / 보이는 곳: 산지, 숲 가장자리

검정대모꽃등에와 닮았지만,
머리와 가슴이 붉은색이어서 구별된다.

민쌍형꽃등에 | 몸길이: 15~17㎜ / 나타나는 때: 5~7월 / 보이는 곳: 낮은 산지, 숲 가장자리

쌍형꽃등에 수컷과 닮았지만,
배 앞쪽 검은 무늬가 띠를
이루지 않아 구별된다.

배세줄꽃등에

몸길이: 11~13mm / 나타나는 때: 5~7월 / 보이는 곳: 낮은 산지, 숲 가장자리

배마디에 노란색 띠무늬가 3, 4개 있다.

가슴등판 가운데부분에 눈썹 모양 노란색 무늬가 있다.

스즈키긴꽃등에

몸길이: 18~20mm / 나타나는 때: 6~10월 / 보이는 곳: 낮은 산지, 숲 가장자리

말벌과 닮았으며, 가슴 앞장자리에 노란색 점무늬가 있다.

1, 3, 5배마디의 노란색 띠무늬 가운데부분이 끊어졌다.

수염치레꽃등에 | 몸길이: 12~14㎜ / 나타나는 때: 6~10월 / 보이는 곳: 낮은 산지, 숲 가장자리

가슴 가장자리에 짧고
노란 줄무늬가 2쌍 있다.

삿포로수염치레꽃등에와 닮았으나, 배마디 무늬가 가늘고
불투명한 흰색이어서 구별된다.

왕꽃등에 | 몸길이: 12~16㎜ / 나타나는 때: 4~10월 / 보이는 곳: 냇가, 습지, 공원, 논 밭, 숲 가장자리

전체적으로 뚱뚱하며, 배마디 앞쪽이 넓게 노란색이다.

꽃등에

몸길이: 14~15㎜ / 나타나는 때: 4~11월 / 보이는 곳: 냇가, 습지, 공원, 논밭, 마을, 숲 가장자리

배 윗면 가운데부분이 검은색이다.

전체적으로 통통하게 보이며, 앞마디 노란색 무늬보다 뒤쪽 무늬가 가늘다.

배짧은꽃등에

몸길이: 12~13㎜ / 나타나는 때: 4~11월 / 보이는 곳: 냇가, 습지, 공원, 논밭, 마을, 숲 가장자리

꽃등에와 닮았지만, 가슴등판의 옆은 부분이 넓은 가로띠 무늬로 보여 구별된다.

배마디의 노란색 무늬는 개체마다 차이가 크다.

덩굴꽃등에

몸길이: 11~12mm / 나타나는 때: 4~11월 / 보이는 곳: 냇가, 공원, 논밭, 마을,
숲 가장자리

배짧은꽃등에와 닮았지만, 가슴등판의
짙은 부분이 검은 점무늬로 보여 구별된다.

배마디 끝부분이 황백색 가는 띠무늬로 보인다.

눈루리꽃등에

몸길이: 11~12mm / 나타나는 때: 5~11월 / 보이는 곳: 냇가, 공원, 논밭, 마을,
숲 가장자리

가슴등판에 세로 줄무늬가 4개 있다.

겹눈에 흑갈색 작은 점들이
촘촘하게 있어 얼룩져 보인다.

수중다리꽃등에

몸길이: 12~14㎜ / 나타나는 때: 3~11월 / 보이는 곳: 냇가, 공원, 논밭, 마을, 숲 가장자리

가슴등판에 가늘고 노란 줄무늬가 2개 있다.

수컷

2배마디의 무늬가 크고 삼각형을 이룬다.

수컷의 배는 끝부분으로 갈수록 좁아진다.

암컷

노랑배수중다리꽃등에

몸길이: 10~14㎜ / 나타나는 때: 5~8월 / 보이는 곳: 습지, 냇가, 숲 가장자리

수중다리꽃등에와 닮았으나,
가슴등판의 세로 줄무늬가 다르고,
2, 3배마디가 노란색이어서 구별된다.

호박과실파리

몸길이: 8~9mm / 나타나는 때: 5~10월 / 먹이식물: 호박 / 보이는 곳: 논밭, 시골 마을의 호박이 많은 곳

가슴등판에 노란색 줄무늬가 3개 있다.

호박꽃과실파리와 닮았으나, 작은방패판 전체가 노란색이다.

두메대과실파리

몸길이: 6~7mm / 나타나는 때: 7~9월 / 보이는 곳: 숲 가장자리, 산지, 바닷가

날개 전연부가 흑갈색이고, 기부와 가운데부분의 띠무늬가 전연과 후연에 닿는다.

조릿대과실파리 | 몸길이: 6~8mm / 나타나는 때: 4~7월 / 보이는 곳: 숲 가장자리, 산지의 조릿대가 많은 곳

전연의 기부 쪽 암갈색 무늬가 끊어졌다.

가슴등판에 엷은 줄무늬가 있다.

쌍꼬불무늬과실파리 | 몸길이: 6~7mm / 나타나는 때: 6~7월 / 보이는 곳: 논밭, 숲 가장자리

조릿대과실파리와 닮았으나, 전연 기부가 암갈색이고, 날개 끝부분의 새 날개 모양 무늬가 거의 평행해서 구별된다.

국화과실파리

몸길이: 4㎜ 내외 / 나타나는 때: 5~8월 / 보이는 곳: 냇가, 냇가 공원, 논밭, 마을

가슴등판에 작고 검은 무늬가 있으며,
날개에는 투명한 둥근 무늬가 골고루 퍼져 있다.

산알락좀과실파리

몸길이: 4㎜ 내외 / 나타나는 때: 5~10월 / 보이는 곳: 마을 주변, 숲 가장자리

국화과실파리와 닮았으나, 날개 기부에
암갈색 무늬가 거의 없고 투명해서 구별된다.

꽃과실파리

몸길이: 5㎜ 내외 / 나타나는 때: 6~9월 / 보이는 곳: 마을 주변, 숲 가장자리

별무늬과실파리와 닮았으나,
이 부분의 무늬로 구별된다.

등줄기생파리

몸길이: 15㎜ 내외 / 나타나는 때: 4~10월 / 보이는 곳: 논밭, 숲 가장자리, 계곡 가, 산길 주변

배 가운데부분에 굵고 검은 줄무늬가 있다.

노랑털기생파리

몸길이: 15㎜ 내외 / 나타나는 때: 4~10월 / 보이는 곳: 숲 가장자리, 계곡 가, 산길 주변

등줄기생파리와 닮았으나, 배 가운데에 검은색
세로 줄무늬가 없고, 배마디 앞쪽이 적황색이어서 구별된다.

뒤병기생파리
(뒤영기생파리)

| 몸길이: 14~17mm / 나타나는 때: 5~10월 / 보이는 곳: 숲 가장자리, 산길 주변

노랑털기생파리와 닮았으나, 황백색 털이 있고, 배마디가 암갈색이어서 구별된다.

검정띠기생파리

| 몸길이: 7~10mm / 나타나는 때: 6~9월 / 보이는 곳: 냇가, 논밭, 숲 가장자리, 산길 주변

수컷의 경우, 겹눈 사이의 검은 무늬가 뒷머리 부분까지 다다른다.

검정띠꽃파리와 닮았으나, 앞가슴등판에 작고 검은 점무늬가 2개 있고, 검은색 가로 띠무늬의 모양이 달라 구별된다.

뚱보기생파리

몸길이: 5~7㎜ / 나타나는 때: 4~11월 / 보이는 곳: 냇가, 논밭, 숲 가장자리,
산길 주변

암컷

배 가운데부분에 검은색 무늬가 줄지어 있다.

수컷

수컷은 배 가운데부분의
무늬가 떨어졌다.

중국별뚱보기생파리

몸길이: 8~12mm / 나타나는 때: 6~10월 / 보이는 곳: 논밭, 숲 가장자리, 계곡 가, 산길 주변

수컷

뚱보기생파리와 닮았지만, 배 끝부분만 검은색이어서 구별된다.

암컷

암컷은 배 끝부분의 무늬가 작다.

표주박기생파리

몸길이: 8~10mm / 나타나는 때: 6~10월 / 보이는 곳: 논밭, 숲 가장자리, 계곡 가, 산길 주변

배 앞부분은 붉은색이며, 가운데부분에 검은색 줄무늬가 있다.

나방파리
(나방파리과)

몸길이: 2㎜ 내외 / 나타나는 때: 4~11월 / 보이는 곳: 냇가, 논밭, 농가 주변의 습한 곳

날개 가운데부분에 작고 검은 점무늬가 있으며, 날개맥 가장자리에 흰색 점무늬가 있다.

장수깔따구
(깔따구과)

몸길이: 6~7㎜ / 나타나는 때: 4~10월 / 보이는 곳: 습지, 냇물

깔따구 무리 중 큰 편이고, 날개 가운데의 횡맥 부분이 검어 점무늬로 보인다.

요시마쯔깔따구
(깔따구과)

| 몸길이: 5~6㎜ / 나타나는 때: 5~11월 / 보이는 곳: 냇가, 습지, 계곡

가슴등판에 갈색 줄무늬가 3개 있다.

검털파리
(털파리과)

| 몸길이: 11~14㎜ / 나타나는 때: 4~5월 / 보이는 곳: 산길, 숲 가장자리

수컷

전체적으로 검으며, 가슴 양 가장자리에 털이 있다.

암컷

암컷은 겹눈이 작고, 서로 떨어졌다.

붉은배털파리
(털파리과)

| 몸길이: 10~11mm / 나타나는 때: 4~5월 / 보이는 곳: 냇가, 숲 가장자리

암컷

검털파리 암컷과 닮았으나,
가슴등판과 배가 주황색이어서
구별된다.

어리수중다리털파리
(털파리과)

| 몸길이: 7~9mm / 나타나는 때: 4~5월 / 보이는 곳: 냇물, 습지 주변의 풀밭

암컷

붉은배털파리 암컷과 닮았으나,
다리가 주황색이어서 구별된다.

황다리털파리
(털파리과)

몸길이: 8~9mm / 나타나는 때: 4~5월 / 보이는 곳: 냇물, 습지 주변의 풀밭

검털파리 수컷과 닮았으나, 뒷다리 종아리마디가
노란색이어서 구별된다.

장다리파리
(장다리파리과)

몸길이: 5~6mm / 나타나는 때: 6~8월 / 보이는 곳: 산길, 숲 가장자리, 공원
의 그늘진 곳

머리가 가슴 폭보다 넓으며, 다리가 길다.
전체적으로 녹색이나 남청색으로 금속성 광택이 난다.

얼룩장다리파리
(장다리파리과)

| 몸길이: 5~7mm / 나타나는 때: 6~8월 / 보이는 곳: 산길, 숲 가장자리, 공원, 냇가의 그늘진 곳

장다리파리와 닮았으나,
날개의 검은 무늬가 얼룩져서 구별된다.

좀파리
(좀파리과)

| 몸길이: 8~10mm / 나타나는 때: 6~9월 / 보이는 곳: 수액이 많이 나는 참나무

날개에 암갈색 점무늬가 있어 얼룩져 보인다.

각 다리의 넓적마디에 노란색 띠무늬가 있다.

민날개좀파리
(좀파리과)

몸길이: 8~13㎜ / 나타나는 때: 6~10월 / 보이는 곳: 수액이 많이 나는 참나무 느티나무

좀파리와 닮았으나, 날개에 무늬가 없어
얼룩져 보이지 않아 구별된다.

검정길쭉알락파리
(알락파리과)

몸길이: 13~15㎜ / 나타나는 때: 6~8월 / 보이는 곳: 숲 가장자리, 산지

날개 전연부는 암갈색을 띠며, 노란색이 섞여 있다.

몸이 전체적으로 길며, 금속성 광택이 나는 암청색 또는 암녹색이다.

민무늬콩알락파리
(알락파리과) | 몸길이: 7~10㎜ / 나타나는 때: 6~8월 / 보이는 곳: 냇가, 습지, 공원, 숲 가장자리

검정길쭉알락파리와 닮았으나,
날개 끝부분에만 검은색 무늬가 있어
구별된다.

알린콩알락파리
(알락파리과) | 몸길이: 4~5㎜ / 나타나는 때: 6~7월 / 보이는 곳: 논밭, 공원, 숲 가장자리

날개에 검은색 무늬가 있고,
전연에 작고 투명한 삼각형이 있다.

날개알락파리
(알락파리과)

몸길이: 14㎜ 내외 / 나타나는 때: 5~8월 / 보이는 곳: 계곡 가, 숲 가장자리, 산지의 그늘진 곳

머리는 황갈색 또는 주황색이고, 날개에 복잡한 검은 무늬가 있다.

만주참알락파리
(알락파리과)

몸길이: 11㎜ 내외 / 나타나는 때: 5~10월 / 보이는 곳: 공원, 숲 가장자리, 산지의 그늘진 곳

날개알락파리와 닮았으나, 머리가 암갈색이어서 구별된다.

뿔들파리
(들파리과)

몸길이: 9~10㎜ / 나타나는 때: 7~11월 / 보이는 곳: 냇가, 습지, 숲 가장자리

가슴 가운데부분은 회색빛을 띤 붉은색이고, 다리의 넓적마디가 황갈색이다.

더듬이는 길고, 끝부분이 뿔 모양으로 툭 튀어나왔다.

대모파리
(대모파리과)

몸길이: 15~20㎜ / 나타나는 때: 5~10월 / 보이는 곳: 산지, 숲 가장자리의 동물 배설물

가슴등판 가운데부분에 암갈색 세로 줄무늬가 있으며, 날개에는 흑갈색점무늬가 있다.

꼬마큰날개파리
(큰날개파리과)

몸길이: 4㎜ 내외 / 나타나는 때: 5~9월 / 보이는 곳: 공원, 숲 가장자리, 산지

날개 무늬가 산알락좀과실파리와 닮았으나,
가슴등판에 흑갈색 무늬가 퍼져 있어 구별된다.

검정큰날개파리
(큰날개파리과)

몸길이: 4~5㎜ / 나타나는 때: 6~9월 / 보이는 곳: 공원, 숲 가장자리, 산지

날개가 연한 황갈색이며 매우 길다.

똥파리
(똥파리과)

몸길이: 10mm 내외 / 나타나는 때: 4~10월 / 보이는 곳: 논밭, 공원, 숲 가장자리의 동물 배설물

이마가 주황색이다.

가슴등판이 길쭉하며, 노란색 줄무늬가 있다.

몸에 노란색 털이 촘촘하게 있다.

큰검정파리
(검정파리과)

몸길이: 13mm 내외 / 나타나는 때: 4~11월 / 보이는 곳: 논밭, 공원, 숲 가장자리, 산지

전체적으로 검은색이며 배 등판은 남청색이다.

점박이꽃검정파리
(검정파리과)

| 몸길이: 6㎜ 내외 / 나타나는 때: 6~11월 / 보이는 곳: 논밭, 공원, 숲 가장자리, 산지의 꽃핀 곳

겹눈에 줄무늬가 여러 개 있으며,
날개 끝부분은 암갈색이다.

초록파리
(검정파리과)

| 몸길이: 9㎜ 내외 / 나타나는 때: 7~10월 / 보이는 곳: 공원, 숲 가장자리, 산지의 꽃핀 곳

가슴등판은 황록색이고,
배는 짙은 청록색이다.

떠돌이쉬파리
(쉬파리과)

몸길이: 12㎜ 내외 / 나타나는 때: 7~10월 / 보이는 곳: 논밭, 마을, 공원, 숲 가장자리

가슴등판에 검은색 세로 줄무늬가 3개 있다.

겹눈은 붉은색이며, 이마는 전체적으로 검다.

검정등꽃파리
(집파리과)

몸길이: 9㎜ 내외 / 나타나는 때: 7~10월 / 보이는 곳: 논밭, 마을, 공원, 숲 가장자리의 꽃핀 곳

가슴등판에 검은색 세로 줄이 5개 있다.

배에 검은 무늬가 있다.

큰줄날도래
(줄날도래과)

| 몸길이: 15~18mm / 나타나는 때: 6~8월 / 보이는 곳: 냇가, 강가

앞날개는 바탕이 담황색이며 흑갈색 줄무늬가 있다.

띠무늬우묵날도래
(우묵날도래과)

| 몸길이: 20~25mm / 나타나는 때: 3~5월 / 보이는 곳: 계곡

큰줄날도래와 닮았지만, 앞날개에 날개맥에
의해 갈라진 검은색 무늬가 있어 구별된다.

굴뚝날도래
(날도래과)

몸길이: 26~28㎜ / 나타나는 때: 5~6월 / 보이는 곳: 계곡

크기가 크고, 앞날개 바탕은 담황색이며
크고 검은 점무늬가 있다.

둥근날개날도래
(둥근날개날도래과)

몸길이: 17㎜ 내외 / 나타나는 때: 4~10월 / 보이는 곳: 맑은 냇물 및 계곡

앞날개가 넓고, 전연부 끝 쪽에
검은색 무늬가 있다.

배추좀나방
(집나방과)

날개 편 길이: 12~16㎜ / 나타나는 때: 4~10월 / 보이는 곳: 냇가, 채소밭의
십자화과식물이 많은 곳

물결 모양 흰색 무늬가 있다.

우엉뭉뚝날개나방
(뭉뚝날개나방과)

날개 편 길이: 8~9㎜ / 나타나는 때: 3~11월 / 보이는 곳: 낮에는 대개 늦가
을 국화과식물이 꽃핀 곳

개체마다 차이가 있으나, 작고 흰
점무늬가 들어 있는 검은색 둥근
무늬가 여러 개 있다.

두점애기비단나방
(애기비단나방과) | 날개 편 길이: 11~12㎜ / 나타나는 때: 6~10월 / 보이는 곳: 국화과식물, 개망초가 꽃핀 곳

날개 기부와 끝부분에 노란색 점무늬가 있다.

목화바둑명나방
(포충나방과) | 날개 편 길이: 28~30㎜ / 나타나는 때: 7~10월 / 보이는 곳: 논밭 및 숲 가장자리

날개 가장자리가 폭넓게 흑갈색이다

배 끝에 털 뭉치가 있다.

앞노랑무늬들명나방
(포충나방과)

날개 편 길이: 22~25㎜ / 나타나는 때: 5~10월 / 보이는 곳: 논밭 및 숲 가장자리

앞날개의 가로 줄무늬가
짙은 갈색으로 뚜렷하다.

내횡선 안쪽과 외횡선 경계부가 연황색이다.

흰띠명나방
(포충나방과)

날개 편 길이: 22~24㎜ / 나타나는 때: 6~10월 / 보이는 곳: 냇가, 논밭

암갈색 바탕에 가로로 굵고 흰 띠무늬가 있다.

육점검정들명나방
(포충나방과)

| 날개 편 길이: 16~17㎜ / 나타나는 때: 6~8월 / 보이는 곳: 숲 가장자리 및 산지 풀밭

노란색 무늬가 앞날개에 2쌍, 뒷날개에 1쌍 있다.

깜둥이창나방
(창나방과)

| 날개 편 길이: 16~18㎜ / 나타나는 때: 5~8월 / 보이는 곳: 국화과식물, 개망초가 꽃핀 곳

배에 흰색 고리띠무늬가 2개 있다.

날개 가운데부분에 반투명한 무늬가 있다.

노랑날개무늬가지나방
(자나방과) | 날개 편 길이: 50mm 내외 / 나타나는 때: 7~8월 / 보이는 곳: 숲 가장자리 및 산지

전체적으로 노란색 바탕에 검은 점무늬가
많으며, 뒷날개 기부가 흰색이다.

뒷노랑점가지나방
(자나방과) | 날개 편 길이: 40~48mm / 나타나는 때: 5~8월 / 보이는 곳: 숲 가장자리 및 산지

뒷날개 바탕은 노란색이며
검은 점무늬가 있다.

두줄제비나비붙이
(제비나비붙이과)

날개 편 길이: 55~65㎜ / 나타나는 때: 7~8월 / 보이는 곳: 마을 주변, 숲 가장자리 및 낮은 산지

가슴 어깨판과 뒷날개 끝부분에 붉은색 무늬가 있다.

더듬이 끝이 뭉툭하지 않아
제비나비 무리와 구별된다.

뿔나비나방
(뿔나비나방과)

날개 편 길이: 29~33㎜ / 나타나는 때: 5~10월 / 보이는 곳: 숲 가장자리 및 산지의 꽃핀 곳

앞날개에 주홍색 반달무늬가 있다.

작은검은꼬리박각시
(박각시과)

날개 편 길이: 42~45㎜ / 나타나는 때: 7~10월 / 보이는 곳: 마을 및 숲 가장자리의 꽃핀 곳

가슴 위쪽이 황록색이다.

몸이 뚱뚱하고, 날개가 좁다.

주둥이가 매우 길다.

배 끝부분에 흰색 무늬가 있다.

꼬리박각시
(박각시과)

날개 편 길이: 50~53㎜ / 나타나는 때: 3~10월 / 보이는 곳: 마을 및 숲 가장자리의 꽃핀 곳

뒷날개는 가장자리를 제외하고 주황색이다.

벌꼬리박각시
(박각시과)

날개 편 길이: 50㎜ 내외 / 나타나는 때: 6~10월 / 보이는 곳: 마을, 공원 및 숲 가장자리의 꽃핀 곳

뒷날개 기부의 흑갈색 무늬가 좁고 굴곡졌다.

노랑애기나방
(애기나방과)

날개 편 길이: 31~42㎜ / 나타나는 때: 7~8월 / 보이는 곳: 냇가, 숲 가장자리 및 산지의 풀밭

더듬이 끝부분이 흰색이다.

날개는 바탕이 검은색이며 반투명한 부분들이 있다.

배는 바탕이 노란색이며 검은색 띠무늬가 있다.

긴금무늬밤나방
(밤나방과)

날개 편 길이: 32~33mm / 나타나는 때: 8~10월 / 보이는 곳: 마을, 공원 및 숲 가장자리의 꽃핀 곳

앞날개 가운데부분에 긴 황백색 줄무늬가 있다.

왕은무늬밤나방
(밤나방과)

날개 편 길이: 33~34mm / 나타나는 때: 5~10월 / 보이는 곳: 숲 가장자리 및 산지의 꽃핀 곳

앞날개 가운데부분에 있는 흰색 무늬의 크기가 비슷하고 서로 떨어졌다.

앞날개 기부의 좁고 흰 줄무늬가 부분적으로 굽었다.

국화은무늬밤나방
(밤나방과)

날개 편 길이: 34~35mm / 나타나는 때: 6~10월 / 보이는 곳: 마을, 공원 및 숲 가장자리의 꽃핀 곳

앞날개 후연 가운데부분이 암갈색이다.

앞날개 가운데부분의 흰색 무늬는 이어졌으며, 내횡선에 다다른다.

은무늬밤나방
(밤나방과)

날개 편 길이: 30~36mm / 나타나는 때: 5~11월 / 보이는 곳: 낮에는 대개 늦가을 국화과식물이 꽃핀 곳

국화은무늬밤나방과 닮았으나, 흰 무늬가 떨어져서 구별된다.

횡선이 짙은 갈색이다.

노랑무늬꼬마밤나방
(밤나방과)

날개 편 길이: 22~23㎜ / 나타나는 때: 6~8월 / 보이는 곳: 대개 바닷가 마을 및 숲 가장자리의 꽃핀 곳

수컷

암컷

앞날개 앞부분은 황록색이고, 끝부분은 흑갈색이다.

앞날개 전연부에 노란색 점무늬가 있다.

애기얼룩나방
(밤나방과)

날개 편 길이: 45~46㎜ / 나타나는 때: 5~8월 / 보이는 곳: 숲 가장자리 및 산지의 꽃핀 곳

얼룩나방과 닮았으나, 날개 외연부에 흰색 무늬가 줄지어 있지 않아 구별된다.

갈색눈무늬밤나방
(밤나방과)

날개 편 길이: 32~34㎜ / 나타나는 때: 7~8월 / 보이는 곳: 숲 가장자리 및 산지의 꽃핀 곳

앞날개 가운데부분에 흰색 무늬가 뚜렷하다.

횡선이 암갈색이다.

왕담배나방
(밤나방과)

날개 편 길이: 35~37㎜ / 나타나는 때: 6~9월 / 보이는 곳: 마을, 공원 및 숲 가장자리의 꽃핀 곳

앞날개 외횡선이 점줄로 되었다.

뒷날개 외연부는 넓게 암갈색이며, 날개맥이 뚜렷하다.

큰자루긴수염나방
(곡나방과)

날개 편 길이: 40㎜ 내외 / 나타나는 때: 5~7월 / 보이는 곳: 해질녘 숲 가장자리 및 산길

암컷

수컷 더듬이에 비해 매우 짧다.

앞날개 기부에서 가운데부분 조금 넘어까지 긴 세로 줄무늬가 있으며, 인접해 가로 줄무늬가 연달아 있다.

상수리잎말이나방
(잎말이나방과)

날개 편 길이: 14~18㎜ / 나타나는 때: 3~11월 / 보이는 곳: 이른 봄 산길(어른벌레로 겨울나기 때문)

개체마다 날개 색과 무늬 차이가 심하나, 날개에 비늘가루가 뭉쳐 솟아 작은 뿔처럼 보이므로 구별된다.

산딸기유리나방
(유리나방과)

날개 편 길이: 23~35㎜ / 나타나는 때: 6~9월 / 보이는 곳: 마을 및 숲 가장 자리

가슴등판에 노란색 세로 줄무늬가 2개 있으며, 가운데부분에 가로 줄무늬가 있다.

배마디 끝부분이 노란색이다.

앞날개는 적갈색 비늘가루로 덮였다.

밤나무장수유리나방
(유리나방과)

날개 편 길이: 28~35㎜ / 나타나는 때: 8~10월 / 보이는 곳: 마을 및 숲 가장자리

산딸기유리나방과 닮았으나, 가슴등판의 노란색 무늬가 다르고, 앞날개가 거의 투명해서 구별된다.

털보다리유리나방
(유리나방과)

날개 편 길이: 33~35㎜ / 나타나는 때: 6~9월 / 보이는 곳: 마을 및 숲 가장 자리

다리에 긴 털이 있어 다른 유리나방과 구별된다.

계요등유리나방
(유리나방과)

날개 편 길이: 20~30㎜ / 나타나는 때: 6~8월 / 보이는 곳: 마을 및 숲 가장 자리

머루유리나방과 닮았으나, 배의 노란색 띠무늬의 위치가 다르고, 암컷은 배 끝부분에 노란색 줄무늬가 있어 구별된다.

복숭아유리나방
(유리나방과)

날개 편 길이: 24~30㎜ / 나타나는 때: 6~10월 / 보이는 곳: 과수원 및 마을 주변

계요등유리나방과 닮았으나, 배의 노란색 띠무늬가 연속되었고, 아랫면으로 갈수록 넓어져 구별된다.

혹명나방
(포충나방과)

날개 편 길이: 16~20㎜ / 나타나는 때: 6~10월 / 보이는 곳: 들판, 마을 및 숲 가장자리

수컷

수컷은 전연부에 두드러진 검은 비늘가루 뭉치가 있다.

날개 바탕은 노란색이며 가장자리가 폭넓게 흑갈색이고, 횡선은 흑갈색으로 뚜렷하다.

점애기들명나방
(포충나방과)

날개 편 길이: 15~18mm / 나타나는 때: 6~9월 / 보이는 곳: 냇가 및 마을 주변

앞날개 후연부를 따라 짧고
굵은 암갈색 무늬가 3개 있다.

노랑털알락나방
(알락나방과)

날개 편 길이: 22~32mm / 나타나는 때: 9~10월 / 보이는 곳: 산길 및 숲 가
장자리(무리지어 날아다님)

날개 기부는 노란색이며,
그 외는 투명하다.

알을 줄지어 낳으며,
배 끝의 털이 알을 낳을 때
떨어져 알 사이에 섞인다.

여덟무늬알락나방
(알락나방과)

날개 편 길이: 20~22㎜ / 나타나는 때: 6~8월 / 보이는 곳: 냇가 및 산지 풀밭

앞날개에 노란색 무늬가 4쌍 있다.

더듬이 끝부분에 노란색 무늬가 있다.

뒤흰띠알락나방
(알락나방과)

날개 편 길이: 54~56㎜ / 나타나는 때: 7~9월 / 보이는 곳: 산길 및 숲 가장 자리(무리지어 날아다님)

머리가 붉은색이다.

앞날개 가운데부분에 굵고 흰 띠무늬가 있다.

까치물결자나방
(자나방과)

날개 편 길이: 26~30㎜ / 나타나는 때: 5~7월 / 보이는 곳: 산길 및 숲 가장자리(밤에 등불에 모이지 않음)

큰흰띠검정물결자나방과 닮았으나,
내횡대의 흰색 줄무늬가 없어 구별된다.

흑띠잠자리가지나방
(자나방과)

날개 편 길이: 44~52㎜ / 나타나는 때: 5~7월 / 보이는 곳: 산길 및 숲 가장자리(밤에 등불에 모이지 않음)

잠자리가지나방과 닮았으나,
배 윗면의 검은색 무늬가
불규칙해서 구별된다.

쌍은줄가지나방
(자나방과)

날개 편 길이: 40~42㎜ / 나타나는 때: 6~7월 / 보이는 곳: 냇가나 바닷가의 풀밭

흰색 바탕에 암갈색 굵은
줄무늬가 길다.

네눈박이산누에나방
(산누에나방과)

날개 편 길이: 56~74㎜ / 나타나는 때: 3~6월 / 보이는 곳: 봄에 산지의 능선 주변(빠르게 날아다니며, 밤에 등불에 모이지 않음)

앞날개와 뒷날개 가운데부분의
둥근 검은색 무늬에 작고 흰 점무늬가
있어 눈동자 모양 4개로 보인다.

황다리독나방
(독나방과)

날개 편 길이: 45~60mm / 나타나는 때: 6~7월 / 보이는 곳: 숲 가장자리나
나무 위(무리지어 날아다님)

몸과 날개는 전체적으로 흰색이며,
다리는 노란색이다.

매미나방
(독나방과)

날개 편 길이: 42~70mm / 나타나는 때: 7~8월 / 보이는 곳: 숲의 그늘진 곳

수컷은 바탕이 회갈색이며 횡선은 검은색이다.

수컷

붉은뒷날개나방
(밤나방과)

날개 편 길이: 64~66mm / 나타나는 때: 7~9월 / 보이는 곳: 오후 숲 그늘진 곳(빠르게 날아다니거나, 나무진에 있음)

뒷날개 기부가 붉은색이다.

앞날개 가운데부분의 흰 부분이 넓고, 아외연부의 검은색 띠무늬가 심한 톱니 모양을 띤다.

태극나방
(밤나방과)

날개 편 길이: 60~72mm / 나타나는 때: 5~8월 / 보이는 곳: 숲 가장자리(숨어 있다가 접근하면 빠르게 날아감)

개체마다 색상과 무늬 차이가 심하나, 가운데부분에 태극 문양이 있고, 흰색 띠무늬가 약한 톱니 모양이다.

감나무잎말이나방
(잎말이나방과) | 날개 편 길이: 18~25㎜ / 나타나는 때: 5~8월 / 보이는 곳: 과수원, 마을

전체적으로 주황색 바탕에 금속성 띠무늬가 있다.

딸기잎말이나방
(잎말이나방과) | 날개 편 길이: 15~17㎜ / 나타나는 때: 5~8월 / 보이는 곳: 시골 마을 및 냇가

앞날개 전연부에 무늬가 있으며,
앞쪽 무늬는 횡선을 이룬다.

사과잎말이나방
(잎말이나방과)

날개 편 길이: 22~39㎜ / 나타나는 때: 6~10월 / 보이는 곳: 시골 마을 및
과수원

앞가슴등판과 앞날개 기부에
검은색 점무늬가 모여 있다.

흰갈퀴애기잎말이나방
(잎말이나방과)

날개 편 길이: 16~23㎜ / 나타나는 때: 5~9월 / 보이는 곳: 냇가 및
마을 주변의 국화과식물이 많은 곳

개체마다 차이가 있지만,
앞날개에 굽은 흰색 줄무늬가 뚜렷하다.

쑥애기잎말이나방
(잎말이나방과) | 날개 편 길이: 17~22㎜ / 나타나는 때: 5~8월 / 보이는 곳: 냇가 및 마을 주변의 쑥이 많은 곳

흰색 바탕에 사선으로 된 회갈색 띠무늬가 있다. 등불에는 거의 모이지 않는다.

싸리애기잎말이나방
(잎말이나방과) | 날개 편 길이: 13~16㎜ / 나타나는 때: 4~8월 / 보이는 곳: 냇가 및 마을 주변의 콩과식물이 많은 곳

앞날개 후연부 기부 쪽에 암갈색 무늬가 있으며, 위에서 보면 양 날개의 무늬가 합쳐져 물방울 모양으로 보인다.

네줄애기잎말이나방
(잎말이나방과) | 날개 편 길이: 11~12㎜ / 나타나는 때: 5~9월 / 보이는 곳: 냇가 및 논밭의 한삼덩굴이 많은 곳

날개 가운데부분에 줄무늬 4개가 뚜렷하다.

붉은꼬마꼭지나방
(감꼭지나방과) | 날개 편 길이: 9~10㎜ / 나타나는 때: 5~7월 / 보이는 곳: 논밭(밤에 등불에 모이지 않음)

가슴등판에 검은색 줄무늬가 2개 있고, 날개 전체가 붉은색이다.

벼포충나방
(포충나방과)

날개 편 길이: 22~38㎜ / 나타나는 때: 6~8월 / 보이는 곳: 시골 마을 및 냇가 풀밭

연한 황갈색 바탕에 작고 검은 점들이 줄지어 있다.

앞날개 외연이 약간 오목하다.

담흑포충나방
(포충나방과)

날개 편 길이: 21~27㎜ / 나타나는 때: 6~9월 / 보이는 곳: 시골 마을 및 냇가 풀밭

벼포충나방과 닮았으나, 앞날개에 뚜렷한 세로 줄무늬가 있고, 끝이 심하게 튀어나와 구별된다.

얼룩애기물명나방
(포충나방과)

날개 편 길이: 15~22mm / 나타나는 때: 7~9월 / 보이는 곳: 논, 냇가, 습지

암컷

황색 바탕에 물결 모양의
흰색 띠가 복잡하게 있다.
수컷과 암컷의 모양과 크기가 다르며,
개체마다 무늬 변화가 크다.

흰물결물명나방
(포충나방과)

날개 편 길이: 15~16mm / 나타나는 때: 7~8월 / 보이는 곳: 냇가, 계곡

뒷날개 가운데부분에 크고 흰 무늬가 있으며,
날개 외연부는 노란색 띠무늬를 이룬다.

복숭아명나방
(포충나방과)

날개 편 길이: 21~27mm / 나타나는 때: 5~8월 / 보이는 곳: 과수원, 시골 마을 및 야산

황색 또는 주황색 바탕에 작고 검은 점무늬가 흩어져 있다.

회양목명나방
(포충나방과)

날개 편 길이: 44~46mm / 나타나는 때: 6~9월 / 보이는 곳: 냇가, 마을, 숲 가장자리

날개 가장자리가 폭넓게 검으며, 앞날개 중실부 횡맥에 작고 흰 무늬가 있다.

등심무늬들명나방
(포충나방과) | 날개 편 길이: 32~34㎜ / 나타나는 때: 6~10월 / 보이는 곳: 냇가, 논밭 및 마을 주변의 풀밭

앞날개는 길고, 황갈색 바탕에 흑갈색 눈알 모양 무늬가 있다.

검은점뾰족명나방
(명나방과) | 날개 편 길이: 17~21㎜ / 나타나는 때: 5~9월 / 보이는 곳: 냇가, 마을, 숲 가장자리

색상과 무늬는 개체마다 차이가 있으며, 앞날개 중실부에 검은 점무늬가 있다.

앞붉은부채명나방
(명나방과)

날개 편 길이: 27~29mm / 나타나는 때: 4~8월 / 보이는 곳: 냇가, 마을의 국화과식물이 많은 곳

전체적으로 회색빛을 띤 붉은색 바탕에 검은 무늬들이 흩뿌려져 있으며, 앞날개 전연부가 적갈색이다.

앞붉은명나방
(명나방과)

날개 편 길이: 25~31mm / 나타나는 때: 5~9월 / 보이는 곳: 냇가, 마을, 숲 가장자리

아랫입술수염이 위로 심하게 휘었다.

개체에 따라 붉은색, 노란색으로 차이가 있으며, 대개 앞날개 앞부분이 붉은색이다.

파털날개나방
(털날개나방과)

날개 편 길이: 13~14mm / 나타나는 때: 6~11월 / 보이는 곳: 냇가, 마을 주변 풀밭

앞날개 가운데부분에 삼각형 흑갈색 무늬가 있다.

각시가지나방
(자나방과)

날개 편 길이: 25~28mm / 나타나는 때: 5~8월 / 보이는 곳: 냇가, 마을, 숲 가장자리

앞날개 외연 가운데부분이 파였다.

앞날개 전연부에 흑갈색 무늬가 있다.

제비나방
(제비나방과)

날개 편 길이: 29~30mm / 나타나는 때: 6~8월 / 보이는 곳: 논밭, 마을

앞날개 끝부분이 뾰족하고,
암회색 줄무늬가 날개 끝부분의
한 곳으로 모인다.

홍줄불나방
(불나방과)

날개 편 길이: 33~40mm / 나타나는 때: 5~8월 / 보이는 곳: 냇가, 논밭, 마을

가슴등판에 작고 검은
점무늬가 3개 있다.

앞날개 바탕은 노란색이며
주홍색 줄무늬가 있다.

흰무늬왕불나방
(불나방과)

날개 편 길이: 75~85㎜ / 나타나는 때: 5~8월 / 보이는 곳: 냇가, 논밭, 마을

크기가 크고 앞날개 바탕은 검은색이며 흰색 무늬가 있다.

흰제비불나방
(불나방과)

날개 편 길이: 60~72㎜ / 나타나는 때: 5~9월 / 보이는 곳: 냇가, 논밭, 마을

앞다리 넓적마디와 종아리마디가 붉은빛을 띤다.

크기가 큰 편이며, 날개는 흰색이다.

앞붉은흰불나방
(불나방과)

날개 편 길이: 54~56mm / 나타나는 때: 6~9월 / 보이는 곳: 냇가, 논밭, 마을

흰제비불나방과 닮았으나,
앞날개 전연부가 붉은색이어서
구별된다.

꽃꼬마밤나방
(밤나방과)

날개 편 길이: 22~23mm / 나타나는 때: 5~8월 / 보이는 곳: 냇가, 논밭, 마을

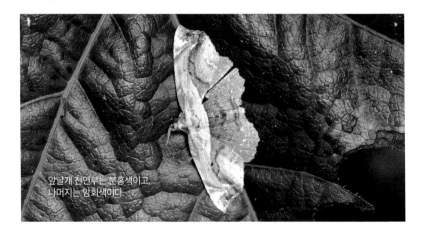

앞날개 전연부는 분홍색이고,
나머지는 암회색이다.

엉겅퀴밤나방
(밤나방과)

날개 편 길이: 27~29mm / 나타나는 때: 5~8월 / 보이는 곳: 냇가, 논밭, 마을

앞날개 가운데부분이 짙은 갈색이고,
끝부분에 삼각형 무늬가 있다.

밤나무산누에나방
(산누에나방과)
| 날개 편 길이: 74~124mm / 나타나는 때: 8~10월 / 보이는 곳: 산지 마을, 휴양림, 숲 가장자리의 가로등

개체마다 날개 색상에 차이는 있으나, 앞날개 횡선이 암갈색으로 전연에서 후연까지 다르다.

참나무산누에나방
(산누에나방과)
| 날개 편 길이: 112~145mm / 나타나는 때: 5~9월 / 보이는 곳: 산지 마을, 휴양림, 숲 가장자리의 가로등

밤나무산누에나방과 닮았으나, 아외연선이 거의 직선이다.

가중나무고치나방
(산누에나방과)

날개 편 길이: 104~120㎜ / 나타나는 때: 5~9월 / 보이는 곳: 산지 마을, 휴양림, 숲 가장자리의 가로등

앞날개 끝부분이 크게 튀어나왔다.

창나방
(창나방과)

날개 편 길이: 19~25㎜ / 나타나는 때: 5~8월 / 보이는 곳: 산길 및 숲 가장자리

암갈색 선이 그물 모양을 이루며, 앉아 있을 때 가운데부분의 횡선이 거의 직선을 이룬다.

참나무갈고리나방
(갈고리나방과) | 날개 편 길이: 29~35㎜ / 나타나는 때: 5~8월 / 보이는 곳: 산길 및 숲 가장 자리

앞날개 끝부분이 굽었으며, 가운데부분에 작은 연황색 무늬가 모여 있다.

왕갈고리나방
(왕갈고리나방과) | 날개 편 길이: 58~61㎜ / 나타나는 때: 5~8월 / 보이는 곳: 그늘진 산길 및 숲 가장자리

날개는 바탕이 흰색이며 회색 무늬가 발달하고, 날개 끝부분이 뾰족하다.

노랑띠알락가지나방
(자나방과) | 날개 편 길이: 50~58㎜ / 나타나는 때: 5~8월 / 보이는 곳: 산길 및 숲 가장자리

앞날개 아외연부에 황갈색 무늬가 띠를 이룬다.

참빗살얼룩가지나방
(자나방과) | 날개 편 길이: 37~42㎜ / 나타나는 때: 5~8월 / 보이는 곳: 산길 및 숲 가장자리

점얼룩가지나방과 닮았으나, 앞날개 기부와
후각부의 적갈색 무늬가 훨씬 크다.

큰눈노랑가지나방
(자나방과)

날개 편 길이: 38~50㎜ / 나타나는 때: 6~8월 / 보이는 곳: 산길 및 숲 가장자리

각 중실 끝에 검은 테두리가 둘린
가락지 모양 무늬가 눈 모양을 닮았다.

뒷노랑흰물결자나방
(자나방과)

날개 편 길이: 30~34㎜ / 나타나는 때: 6~8월 / 보이는 곳: 산길 및 숲 가장자리

날개는 바탕이 흰색이며
검은색 무늬가 발달했고,
뒷날개 외연부가 주황색이다.

오얏나무가지나방
(자나방과)

날개 편 길이: 34~52mm / 나타나는 때: 5~8월 / 보이는 곳: 산길 및 숲 가장자리

개체마다 무늬 및 색상 차이가 크나 대개 노란색 또는 주황색 바탕에 흑갈색 잔무늬가 물결을 이룬다.

띠넓은가지나방
(자나방과)

날개 편 길이: 27~33mm / 나타나는 때: 5~8월 / 보이는 곳: 산길 및 숲 가장자리

계절에 따라 무늬 및 색상 차이가 크지만 대개 내횡선과 외횡선 사이가 띠 모양으로 짙은 갈색이다.

끝짤룩노랑가지나방
(자나방과)

날개 편 길이: 27~39mm / 나타나는 때: 5~8월 / 보이는 곳: 산길 및 숲 가장자리

점짤룩가지나방과 닮았으나, 날개 외연 가운데부분에 흑갈색 무늬가 있고, 중실 끝에 검은색 점이 있어 구별된다.

쌍점흰가지나방
(자나방과)

날개 편 길이: 25~28mm / 나타나는 때: 6~8월 / 보이는 곳: 산길 및 숲 가장자리

흑점박이흰가지나방과 닮았으나, 앞날개 전연에 검은색 점무늬가 2개 있어 구별된다.

버들독나방
(독나방과)

날개 편 길이: 36~46㎜ / 나타나는 때: 7~9월 / 보이는 곳: 산길 및 숲 가장자리

머리에 검은 털이 있다.

더듬이에 검은색 점무늬가 줄지어 있어 전체적으로 흰색인 꼬마버들독나방과 구별된다.

다리에 검은 무늬가 번갈아 가며 있다.

붉은매미나방
(독나방과)

날개 편 길이: 45~82㎜ / 나타나는 때: 7~9월 / 보이는 곳: 산길 및 숲 가장자리

각 다리의 발마디가 붉고, 앞가슴등판에 흑갈색 점이 4개 있다.

얼룩매미나방
(독나방과)
날개 편 길이: 34~69㎜ / 나타나는 때: 7~8월 / 보이는 곳: 산길 및 숲 가장자리

붉은매미나방 암컷과 닮았으나,
다리가 전체적으로 검고, 앞가슴
등판에 흑갈색 점 4개가 없어
구별된다.

쌍복판눈수염나방
(밤나방과)
날개 편 길이: 46~56㎜ / 나타나는 때: 6~8월 / 보이는 곳: 산길 및 숲 가장자리

앞날개 중실에 'V'자 흰 무늬가 있다.

줄무늬꼬마밤나방
(밤나방과) | 날개 편 길이: 19~25mm / 나타나는 때: 6~9월 / 보이는 곳: 산길 및 숲 가장자리

머리 부분이 검고, 날개는 황갈색 바탕에 검은색 점무늬가 줄지어 물결 모양 횡선을 이룬다.

갈구리나비
(흰나비과)

날개 편 길이: 43~47mm / 나타나는 때: 4~5월 / 먹이식물: 냉이류, 장대나물, 털장대, 갓 / 잘 찾아오는 꽃: 유채, 미나리냉이

수컷

앞날개 끝이
갈고리 모양으로 뾰족하다.

암컷

암컷은 앞날개 끝부분에 노란색 무늬가 없다.

대만흰나비
(흰나비과)

날개 편 길이: 37~46mm / 나타나는 때: 4~10월 / 먹이식물: 무, 냉이류 / 잘 찾아오는 꽃: 다닥냉이, 개망초, 부처꽃, 쥐꼬리망초

앞날개 외연부의 검은색 점무늬가 삼각형으로 떨어졌다.

뒷날개 윗면 날개맥 끝부분에 검은색 점무늬가 있다.

배추흰나비
(흰나비과)

날개 편 길이: 39~52mm / 나타나는 때: 3~11월 / 먹이식물: 배추, 갓, 무, 유채, 장대나물, 냉이류 / 잘 찾아오는 꽃: 서양민들레, 유채, 다닥냉이, 파, 개망초

대만흰나비와 닮았으나, 앞날개 끝부분의 검은색 무늬가 연결되었고, 뒷날개 윗면 날개맥 끝에 검은색 점무늬가 없어 구별된다.

큰줄흰나비
(흰나비과)

날개 편 길이: 41~55mm / 나타나는 때: 4~10월 / 먹이식물: 배추, 갓, 무, 유채, 냉이류 / 잘 찾아오는 꽃: 국화과식물, 십자화과식물, 복사나무, 조팝나무

수컷

수컷은 검은색 무늬가 없다

암컷

암컷은 검은색 무늬가 있다.

날개맥이 검은색 줄무늬처럼 뚜렷하다.

노랑나비
(흰나비과)

날개 편 길이: 38~50mm / 나타나는 때: 3~11월 / 먹이식물: 토끼풀, 고삼을 비롯한 콩과식물 / 잘 찾아오는 꽃: 갓, 서양민들레, 개망초, 참싸리, 쑥부쟁이류

수컷

수컷은 바탕이 노란색이다.

뒷날개 중실부에 흑갈색 테두리가 있는 점이 있다.

암컷

암컷은 바탕이 불투명한 흰색이다.

암먹부전나비
(부전나비과)

날개 편 길이: 17~28㎜ / 나타나는 때: 3~10월 / 먹이식물: 갈퀴나물, 매듭풀을 비롯한 콩과식물 / 잘 찾아오는 꽃: 토끼풀, 서양민들레, 개망초, 참싸리, 쑥부쟁이류

뒷날개 아랫면 외연부에 주황색 무늬가 있으며, 꼬리 모양 돌기가 있다.

먹부전나비
(부전나비과)

날개 편 길이: 22~25㎜ / 나타나는 때: 4~10월 / 먹이식물: 돌나물, 기린초, 바위솔, 땅채송화를 비롯한 돌나물과식물 / 잘 찾아오는 꽃: 개망초, 쑥부쟁이류, 국화과식물

암먹부전나비와 닮았으나, 점무늬가 크고 위치가 달라 구별된다.

남방부전나비
(부전나비과)

날개 편 길이: 17~28㎜ / 나타나는 때: 4~11월 / 먹이식물: 괭이밥과식물 /
잘 찾아오는 꽃: 토끼풀, 개망초, 여뀌류, 꿀풀류

먹부전나비와 닮았으나, 뒷날개
아랫면 외연부의 주황색 무늬와
꼬리 모양 돌기가 없어 구별된다.

푸른부전나비
(부전나비과)

날개 편 길이: 26~32㎜ / 나타나는 때: 3~10월 / 먹이식물: 싸리류, 고삼 /
잘 찾아오는 꽃: 싸리류, 장미과식물, 쑥부쟁이류

남방부전나비와 닮았으나,
크기가 크고 아랫면 아외연부의
점무늬가 달라 구별된다.

작은주홍부전나비
(부전나비과)

날개 편 길이: 26~34㎜ / 나타나는 때: 4~10월 / 먹이식물: 소리쟁이, 참소리쟁이를 비롯한 마디풀과식물 / 잘 찾아오는 꽃: 개망초, 쑥부쟁이류, 국화과식물, 십자화과식물

앞날개 아외연부의
검은색 점무늬가 엇갈려 있다.

큰주홍부전나비
(부전나비과)

날개 편 길이: 26~41㎜ / 나타나는 때: 5~10월 / 먹이식물: 소리쟁이, 참소리쟁이 / 잘 찾아오는 꽃: 개망초, 국화과식물, 마디풀과식물

암컷

수컷

작은주홍부전나비와 닮았으나, 앞날개 아연외부의
검은색 점무늬가 줄지어 있어 구별된다.

수컷은 날개 가장자리를 제외하고 전체가 주홍색이다.

517

네발나비
(네발나비과)

날개 편 길이: 44~51mm / 나타나는 때: 3~11월 / 먹이식물: 한삼덩굴을 비롯한 삼과식물 / 잘 찾아오는 꽃: 개망초, 서양민들레를 비롯한 다양한 꽃

여름형

여름형은 날개 바탕이 노란색이다.

날개 가장자리는 톱니 모양으로 날카롭게 굴곡졌다.

가을형

가을형은 날개 바탕이 적갈색이다.

작은멋쟁이나비
(네발나비과)

날개 편 길이: 43~59mm / 나타나는 때: 4~11월 / 먹이식물: 국화과식물 / 잘 찾아오는 꽃: 코스모스, 해바라기, 꽃향유를 비롯한 다양한 꽃

뒷날개 윗면 기부 쪽이 주황색이다.

큰멋쟁이나비
(네발나비과)

날개 편 길이: 47~65㎜ / 나타나는 때: 5~11월 / 먹이식물: 쐐기풀, 거북꼬리를 비롯한 쐐기풀과식물 / 잘 찾아오는 꽃: 산딸기나무, 갓, 부추, 란타나류

작은멋쟁이나비와 닮았으나, 뒷날개 윗면
기부 쪽이 암갈색이어서 구별된다.

줄점팔랑나비
(팔랑나비과)

날개 편 길이: 33~40㎜ / 나타나는 때: 5~11월 / 먹이식물: 벼, 바랭이, 참억새를 비롯한 벼과식물 / 잘 찾아오는 꽃: 국화과식물, 쑥부쟁이류를 비롯한 다양한 꽃

뒷날개 가운데부분에
흰색 점무늬가 줄지어 있다.

호랑나비
(호랑나비과)

날개 편 길이: 55~97mm / 나타나는 때: 3~11월 / 먹이식물: 산초나무, 탱자나무를 비롯한 운향과식물 / 잘 찾아오는 꽃: 산초나무, 엉겅퀴, 노랑코스모스를 비롯한 다양한 꽃

앞날개 중실부에 긴 줄무늬가 있다.

산호랑나비
(호랑나비과)

날개 편 길이: 65~95mm / 나타나는 때: 4~10월 / 먹이식물: 운향과식물(탱자나무) 및 산형과식물(벌사상자) / 잘 찾아오는 꽃: 진달래, 노랑코스모스

호랑나비와 닮았으나, 앞날개 중실부에 줄무늬가 없어 구별된다.

제비나비
(호랑나비과)

날개 편 길이: 85~120㎜ / 나타나는 때: 4~9월 / 먹이식물: 산초나무를 비롯한 운향과식물 / 잘 찾아오는 꽃: 누리장나무, 참나리, 코스모스를 비롯한 다양한 꽃

앞날개 아랫면 가운데의 흰 부분이 넓다.

뒷날개 아랫면 아외연부에 띠무늬가 없다.

산제비나비
(호랑나비과)

날개 편 길이: 63~118㎜ / 나타나는 때: 4~9월 / 먹이식물: 황벽나무를 비롯한 운향과식물 / 잘 찾아오는 꽃: 참나리, 병꽃나무

앞날개 아랫면 가운데부분의 흰 부분이 좁다.

뒷날개 아랫면 아외연부에 띠무늬가 있다.

청띠제비나비
(호랑나비과)

날개 편 길이: 57~79mm / 나타나는 때: 5~11월 / 먹이식물: 후박나무, 식나무, 녹나무 / 잘 찾아오는 꽃: 산초나무, 후박나무, 망초류, 엉겅퀴류

날개 아랫면에서도 가운데부분의 푸른색 띠무늬가 뚜렷이 보인다.

날개 가운데부분에 푸른색 띠무늬가 있다.

꼬리명주나비
(호랑나비과)

날개 편 길이: 42~58mm / 나타나는 때: 4~9월 / 먹이식물: 쥐방울덩굴 / 잘 찾아오는 꽃: 개망초, 산형과식물

수컷

암컷

암컷은 바탕이 흑갈색이다.

뒷날개의 꼬리 모양 돌기가 매우 길고, 후연각에 붉은색 무늬가 있다.

모시나비
(호랑나비과)

날개 편 길이: 43~60㎜ / 나타나는 때: 5~6월 / 먹이식물: 현호색과식물 / 잘 찾아오는 꽃: 쥐오줌풀

암컷

날개가 반투명하며, 날개맥이 검은색으로 뚜렷하다.

짝짓기가 끝난 암컷의 배에 수태낭이 있다.

왕자팔랑나비
(팔랑나비과)

날개 편 길이: 33~38㎜ / 나타나는 때: 5~9월 / 먹이식물: 마, 단풍마를 비롯한 마과식물 / 잘 찾아오는 꽃: 산딸기나무, 개망초, 엉겅퀴, 익모초

앞날개 가운데부분의 흰색 무늬가 어긋나 떨어졌다.

왕팔랑나비
(팔랑나비과)

날개 편 길이: 40~46mm / 나타나는 때: 5~7월 / 먹이식물: 칡, 아까시나무를 비롯한 콩과식물 / 잘 찾아오는 꽃: 개망초, 큰금계국, 산딸기나무

왕자팔랑나비와 닮았으나, 앞날개 가운데부분의 흰색 무늬가 크고 줄지어 있어 구별된다.

멧팔랑나비
(팔랑나비과)

날개 편 길이: 31~39mm / 나타나는 때: 3~6월 / 먹이식물: 떡갈나무, 신갈나무를 비롯한 참나무류 / 잘 찾아오는 꽃: 국수나무, 산딸기나무, 고들빼기

뒷날개에 작은 황백색 점무늬가 흩어져 있다.

암컷은 앞날개 가운데부분에 회갈색 띠무늬가 있다.

흰줄표범나비
(네발나비과)

날개 편 길이: 52~63mm / 나타나는 때: 6~10월 / 먹이식물: 제비꽃과식물 /
잘 찾아오는 꽃: 엉겅퀴, 개망초, 큰까치수영를 비롯한 다양한 꽃

날개 바탕은 주황색이며
검은색 점무늬가 줄지어 있다.

뒷날개 아랫면 가운데부분에
불규칙한 흰색 줄무늬가 있다.

큰흰줄표범나비
(네발나비과)

날개 편 길이: 58~69mm / 나타나는 때: 6~9월 / 먹이식물: 제비꽃과식물 /
잘 찾아오는 꽃: 개망초, 큰까치수영를 비롯한 다양한 꽃

흰줄표범나비와 닮았으나, 앞날개 끝부분이 튀어나와서 구별된다.

은줄표범나비
(네발나비과)

날개 편 길이: 58~68mm / 나타나는 때: 6~10월 / 먹이식물: 제비꽃과식물 /
잘 찾아오는 꽃: 큰까치수영, 국화과식물, 산형과식물

뒷날개 아랫면에 은색 줄무늬가 있다.

황오색나비
(네발나비과)

날개 편 길이: 55~76mm / 나타나는 때: 6~10월 / 먹이식물: 버드나무과식물
(갯버들) / 잘 찾아오는 곳: 나무진, 썩은 과일

앞날개 중실부에
작고 검은 점무늬가 4개 있다.

날개 색은 황색형과 흑색형이 있다.

애기세줄나비
(네발나비과)

날개 편 길이: 42~55mm / 나타나는 때: 5~9월 / 먹이식물: 콩과식물(싸리), 갈매나무과식물, 벽오동과식물 / 잘 찾아오는 곳: 숲 가장자리의 햇볕 드는 곳

앞날개 중실부의 흰색 줄무늬가 2/3 지점에서 떨어졌다.

뒷날개 아외연부의 흰색 띠무늬가 뚜렷하다.

별박이세줄나비
(네발나비과)

날개 편 길이: 50~62mm / 나타나는 때: 5~10월 / 먹이식물: 조팝나무를 비롯한 장미과식물 / 잘 찾아오는 꽃: 개망초, 쑥부쟁이류

애기세줄나비와 닮았으나, 앞날개 중실부의 흰색 줄무늬가 여러 개로 불규칙하게 떨어져 있어 구별된다.

제일줄나비
(네발나비과)

날개 편 길이: 45~60㎜ / 나타나는 때: 5~9월 / 먹이식물: 인동과식물(각시 괴불나무) / 잘 찾아오는 곳: 숲 가장자리의 햇볕 드는 곳

애기세줄나비와 닮았으나,
뒷날개 아외연부에 흰색 띠무늬가 없다.

제이줄나비
(네발나비과)

날개 편 길이: 40~60㎜ / 나타나는 때: 5~9월 / 먹이식물: 인동나무, 작살 나무, 병꽃나무 / 잘 찾아오는 곳: 숲 가장자리의 햇볕 드는 곳

제일줄나비와 닮았으나,
앞날개 중실부의 흰 무늬가 짧고,
약간 휘어져서 구별된다.

청띠신선나비
(네발나비과)

날개 편 길이: 55~64㎜ / 나타나는 때: 3~10월 / 먹이식물: 청미래덩굴, 청가시덩굴, 참나리 / 잘 찾아오는 곳: 햇볕 드는 곳, 썩은 과일, 나무진

날개 아외연부에 청자색 띠무늬가 있다.

뿔나비
(네발나비과)

날개 편 길이: 32~47㎜ / 나타나는 때: 3~11월 / 먹이식물: 팽나무, 풍게나무 / 잘 찾아오는 곳: 햇볕 드는 곳, 축축한 계곡

노란색 무늬가 있고, 날개 끝부분은 각이 졌다.

부처나비
(네발나비과)

날개 편 길이: 37~48㎜ / 나타나는 때: 4~10월 / 먹이식물: 벼과식물(참억새, 벼, 강아지풀) / 잘 찾아오는 곳: 냇가 및 숲 가장자리의 그늘진 곳

눈알 모양 무늬가 있으며, 날개 아랫면 아외연부에 황백색 줄무늬가 뚜렷하다.

부처사촌나비
(네발나비과)

날개 편 길이: 38~47㎜ / 나타나는 때: 5~8월 / 먹이식물: 벼과식물(참억새, 조개풀) / 잘 찾아오는 곳: 냇가 및 숲 가장자리의 그늘진 곳

부처나비와 닮았으나, 날개 아랫면 아외연부 줄무늬가 앞날개의 눈알 모양 근처에서 안쪽으로 굽었고, 전체적으로 보랏빛을 띠어 구별된다.

물결나비
(네발나비과)

날개 편 길이: 33~42㎜ / 나타나는 때: 5~9월 / 먹이식물: 벼과식물(벼, 바랭이, 참억새) / 잘 찾아오는 곳: 냇가, 들판, 숲 가장자리 그늘진 곳

날개 아랫면에 잔물결 무늬가 많으며,
아외연부에 큰 눈알 모양 무늬가 3개 있다.

애물결나비
(네발나비과)

설명날개 편 길이: 31~36㎜ / 나타나는 때: 5~9월 / 먹이식물: 벼과식물(잔디류, 바랭이, 벼) / 잘 찾아오는 곳: 냇가, 들판, 숲 가장자리 그늘진 곳

물결나비와 닮았으나, 아외연부에
눈알 모양 무늬가 5, 6개 있어 구별된다.

굴뚝나비
(네발나비과)

날개 편 길이: 50~71mm / 나타나는 때: 6~9월 / 먹이식물: 벼과식물(참억새, 새포아풀, 잔디) / 잘 찾아오는 곳: 냇가, 들판, 산지의 풀밭

앞날개 아랫면 아외연부에 눈알 모양의 무늬가 2개 있다.

뒷날개 아랫면 가운데부분에 흰색 띠무늬가 있고, 가장자리는 물결 모양으로 굽이친다.

먹그늘나비
(네발나비과)

날개 편 길이: 45~53mm / 나타나는 때: 6~8월 / 먹이식물: 벼과식물(조릿대류) / 잘 찾아오는 곳: 조릿대류가 많은 산길 및 숲 가장자리

먹그늘나비붙이와 닮았으나, 앞날개 아랫면 4실에 둥근 무늬가 없거나 불분명해 구별된다.

강태화, 2012. 병대벌레류 I. 한국의 곤충 12권 4호, 국립생물자원관, 102pp.

국립생물자원관, 2011. 한반도 고유종 총람. 451pp.

권용정·서상재·김정애, 2001. 노린재목. 한국경제곤충지 18호, 농업과학기술원, 513pp.

권용정·허은엽, 2001. 매미아목(매미목). 한국경제곤충지 19호, 농업과학기술원, 461pp.

김성수·서영호, 2012. 한국나비 생태도감. 사계절, 538pp.

김용식, 2010. [개정증보판] 원색 한국나비도감. 교학사, 305pp.

김정규, 2014. 호리병벌류. 한국의 곤충 13권 6호, 국립생물자원관, 119pp.

김진일, 2000. 풍뎅이상과 (상) (딱정벌레목). 한국경제곤충지 4호, 농업과학기술원, 149pp.

김진일, 2001. 풍뎅이상과 (하) (딱정벌레목). 한국경제곤충지 10호, 농업과학기술원, 149pp.

김진일, 2011. 상기문류. 한국의 곤충 12권 1호, 국립생물자원관, 263pp.

김진일, 2014. 측기문류. 한국의 곤충 12권 3호, 국립생물자원관, 218pp.

김진일·김상일, 2014. 사슴벌레과 및 사슴벌레붙이과. 한국의 곤충 12권 15호, 국립생물자원관, 66pp.

김태우, 2010. 한국의 여치 소리. 국립생물자원관, 135pp.

김태우, 2011. 한국의 귀뚜라미 소리. 국립생물자원관, 164pp.

김태우, 2013. 메뚜기 생태도감. 지오북, 381pp.

박규택 등, 2012. 한국곤충대도감. 지오북, 598pp.

박규택, 1999. 한국의 나방(I). 곤충자원편람 IV, 생명공학연구소·곤충분류연구회, 358pp.

박규택, 2000. 불나방과, 독나방과, 솔나방과, 박각시과(나비목). 한국경제곤충지 1호, 농업과학기술원, 276pp.

박규택·권영대, 2001. 누에나방상과, 재주나방과(나비목). 한국경제곤충지 7호, 농업과학기술원, 166pp.

박정규·김용균·김길하·김동순·박종균·변봉규, 2013. 곤충학용어집. 한국응용곤충학회, 548pp.

박종균·백종철, 2001. 딱정벌레과(딱정벌레목). 한국경제곤충지 12호, 농업과학기술원, 169pp.

박종균·최익재·박진영·최은영, 2014. 딱정벌레류(무늬먼지벌레족, 수상성먼지벌레류, 목대장먼지벌레이과,
    십자무늬먼지벌레아과). 한국의 곤충 12권 16호, 국립생물자원관, 115pp.

배양섭, 2001. 명나방상과(나비목). 한국경제곤충지 9호, 농업과학기술원, 251pp.

배양섭, 2011. 애기잎말이나방류 I. 한국의 곤충 16권 1호, 국립생물자원관, 179pp.

배양섭·백문기, 2006. 명나방상과의 기주식물. 한국경제곤충지 26호, 농업과학기술원, 180pp.

배양섭·변봉규·백문기, 2008. 한국산 명나방상과 도해도감. 국립수목원, 426pp.

백문기 등, 2010. 한국 곤충 총 목록. 자연과 생태, 598pp.

백문기, 2012. 한국 밤 곤충 도감. 자연과 생태, 448pp.

백문기, 2014. 우리 동네 곤충 찾기. (사)한국숲유아교육협회, 227pp.

백문기·신유항, 2010. 한반도의 나비. 자연과 생태, 430pp.

백문기·신유항, 2014. 한반도나비도감. 자연과 생태, 600pp.

신유항, 2001. 원색 한국나방도감. 아카데미서적, 551pp.

안수정, 2010. 한국의 자연생태 1. 노린재 도감. 자연과생태, 294pp.

안승락, 2013. 잎벌레의 세계. 자연과생태, 184pp.

원홍식·김정규, 2013. 알락꽃벌. 한국의 곤충 13권 5호, 국립생물자원관, 98pp.

윤충식·정선우, 2012. 긴노린재류. 한국의 곤충 9권 1호, 국립생물자원관, 76pp.

이영준, 2005. 우리 매미 탐구. 지오북, 191pp.

이종욱·류성만·전영태·정종철, 2000. 잎벌과(벌목). 한국경제곤충지 2호, 농업과학기술원, 222pp.

이종욱·정종철·최진경·김기범, 2014. 맵시벌류 II. 한국의 곤충 13권 2호, 국립생물자원관, 113pp.

이종은·안승락, 2001. 잎벌레과(딱정벌레목). 한국경제곤충지 14호, 농업과학기술원, 229pp.

이종은·조희욱, 2006. 농작물에 발생하는 잎벌레류. 한국경제곤충지 27호, 농업과학기술원, 130pp.

이준구·안기정, 2012. 비단벌레류. 한국의 곤충 12권 10호, 국립생물자원관, 101pp.

이흥식·류동표, 2013. 가위벌류. 한국의 곤충 13권 4호, 국립생물자원관, 75pp.

정광수, 2007. 한국의 잠자리 생태도감. 일공육사, 512pp.

정광수, 2012. 한국의 잠자리. 자연과생태, 217pp.

정부희, 2012. 개미붙이과. 한국의 곤충 12권 19호, 국립생물자원관, 66pp.

정부희, 2012. 거저리류. 한국의 곤충 12권 5호, 국립생물자원관, 123pp.

조영복, 2013. 송장벌레. 한국의 곤충 12권 14호, 국립생물자원관, 84pp.

조영복·안기정, 2001. 송장벌레과, 반날개과(딱정벌레목). 한국경제곤충지 11호, 농업과학기술원, 167pp.

차진열·구덕서·정선우·이종욱, 2001. 맵시벌과(벌목). 한국경제곤충지 17호, 농업과학기술원, 178pp.

한경덕·박상욱·박진영·홍기정·배시애, 2013. 바구미류 V. 한국의 곤충 12권 11호, 국립생물자원관, 119pp.

한경덕·박상욱·홍기정·Yunakov, N., 2014. 바구미류 III. 한국의 곤충 12권 20호, 국립생물자원관, 98pp.

한호연·권용정, 2001. 과실파리과(파리목). 한국경제곤충지 3호, 농업과학기술원, 113pp.

한호연·최득수, 2001. 꽃등에과(파리목). 한국경제곤충지 15호, 농업과학기술원, 223pp.

홍기정·박상욱·우건석, 2001. 바구미상과(딱정벌레목). 한국경제곤충지 13호, 농업과학기술원, 180pp.

홍기정·박상욱·한경덕, 2011. 바구미류 I. 한국의 곤충 12권 2호, 국립생물자원관, 316pp.

황상환, 2015. 한국의 하늘소. 자연과생태, 551pp.

Byun, B.K., Y.S. Bae, and K.T. Park, 1998. Illustrated Catalogue of Tortricidae in Korea (Lepidoptera). *In* Park, K.T.(eds): Insects of Korea [2], 317pp.

Han, H.Y. 2013. A Checklist of the Families Lonchaeidae, Pallopteridae, Platystomatidae, and Ulidiidae(Insecta: Diptera: Tephritoidea) in Korea with Notes on 12 Species New to Korea. *Animal Systematics, Evolution and Diversity*, 29(1): 56-69.

Han, H.Y. and Y.J. Kwon. 2010. A List of North Korean Tephritoid Species (Diptera: Tephritoidea) Deposited in the Hungarian Natural History Museum. *Korean. J. Syst. Zool.*, 26(3): 251-260.

Hong, K.J., A.B. Egorov, and B.A. Korotyaev, 2000. Illustrated catalogue of Curculionidae in Korea (Coleoptera). *In* Park, K.T. (eds): Insects of Korea [5], 340pp.

Kim, S.S., E.A. Beljaev, and O.H. Oh, 2001. Illustrated Catalogue of Geometridae in Korea (Lepidoptera: Geometrinae, Ennominae). *In* Park, K.T.(eds): Insects of Korea [8], 279pp.

Kononenko, V.S., S.B. Ahn, and L. Ronkay, 1998. Illustrated catalogue of Noctuidae in Korea (Lepidotera). *In* Park, K.T. (eds): Insects of Korea [3], 509pp.

Lee, J.W. and J.Y. Cha, 2000. Illustrated catalogue of Ichneumonidae in Korea (Hymenoptera). *In* Park, K.T. (eds): Insects of Korea [6], 276pp.

Yutaka, A., Y.S. Bae, C.M. Cheol, and Masumi, I., 2004. Sesiidae (Lepidoptera) of Korea. Trans. lepid. Soc. Japan, 55(1): 1-12.

Web-site

blog.naver.com/prologue/PrologueList.nhn?blogId=onegunah (몸은 멀리 있어도 마음은 항상 가까운 곳에...)

bric.postech.ac.kr (Bric 생물학정보연구센터)

cafe.naver.com/lovessym (곤충나라 식물나라)

dachori.blog.me/130098226503 (다초리의 숲속여행)

insect.naas.go.kr/main.asp (국립농촌과학원 곤충표본관)

www.nature.go.kr/wkbiko/wkbikooo31.leaf (국가생물종지식시스템)

www.nibr.go.kr (한반도생물자원포털)

www.jasa.pe.kr (한국의 잠자리)

cjai.biologicalsurvey.ca/bmc_05/key_vespula.html

mitikusakuttemiyo.web.fc2.com/gaganbo.html

homepage3.nifty.com/syrphidae1/diptera_web/htm/Stratiomyidae_plate.htm

www.geller-grimm.de/korea/index.html

m.blog.naver.com/vespa777/220046930877

　일주일에 한두 시간 여유를 갖는 것은 그리 어려운 일이 아닙니다. 오후에 잠깐 시간을 내서 가족, 이웃과 함께 마을 주변을 산책하며 이런저런 이야기를 나누는 것만으로도 충분히 평화롭고 행복한 시간을 보낼 수 있습니다.

　곤충을 찾는 것도 일상 속에서 잠시 여유를 갖는 방법 중 하나입니다. 아이들과 함께 곤충을 보러 간다면 험한 산지보다는 집 주변에 있는 공원의 꽃밭이나 풀밭을 먼저 찾아가는 게 좋습니다. 요즘은 도시의 작은 냇가도 친환경적으로 조성한 곳이 많아 그런 곳에 가 보는 것도 좋지요. 특별히 큰맘을 먹고 험한 산지로 갈 필요는 없답니다.

　공원 꽃밭이나 풀밭에는 꿀벌, 꽃등에, 나비, 파리, 풍뎅이처럼 꿀이나 꽃가루를 먹으러 오는 곤충이 많습니다. 사마귀처럼 꽃에 모인 곤충을 잡아먹으려고 오는 곤충도 있지요. 도시 냇가에는 잠자리가 많고, 물가 풀잎에서는 잎벌레, 노린재, 꽃등에 등도 볼 수 있습니다.

　한걸음 더 들어가서 더 다양한 곤충을 찾아보고 싶다면 곤충의 습성을 먼저 알아보는 것도 좋습니다. 곤충은 좋아하는 곳과 먹이가 저마다 다릅니다. 보고 싶은 곤충이 어떤 장소와 먹이를 좋아하는지 알면 그 곤충을 찾기가 더욱 쉽습니다.

예컨대 사는 곳을 보면, 잠자리들은 물가를, 메뚜기들은 마른 땅을, 파리매들은 들판을, 산제비나비는 산을 좋아합니다. 그리고 꽃등에처럼 밝은 곳을 좋아하거나 바퀴처럼 어두운 곳을 좋아하는 곤충도 있습니다. 먹는 것을 보면, 꿀벌과 나비는 꽃을 좋아하고, 넓적사슴벌레처럼 나무진을 좋아하는 곤충도 있습니다.

야외에서 색깔이나 무늬가 특이한 곤충을 만났을 때, 어떤 녀석인지 자세히 살펴보고 싶지만 만지기는 싫다면 어떻게 할까요? 사진을 찍어 확대해 보거나 지퍼백 같은 투명한 비닐봉지에 담아 보면 됩니다.

특히 지퍼백을 이용하면 손으로 직접 만지지 않아도 될뿐더러 곤충이 다치지도 않고, 비닐을 이리저리 뒤집으며 윗면, 아랫면도 자세히 살필 수 있기에 좋습니다. 또한 비닐이기에 선생님들은 자연관찰 현장 교육을 할 때 유성 펜으로 쓰며 설명할 수도 있습니다. 이렇게 만난 곤충의 이름이 알고 싶을 때는 작은 곤충도감을 찾아보는 것이 좋습니다. 교육 중이라면 도감을 뒤적이며 비슷한 종을 찾는 과정도 참여도를 높이는 데 도움이 됩니다.

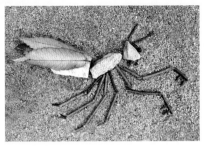

　반면, 곤충을 만났을 때 호기심이 돋아 무작정 만지려는 아이들도 있습니다. 그런데 위와 같은 방법은 생각하지 못했는지 부모님들이 불쑥 "안 돼! 더러워!"라고 말하는 경우를 더러 봤습니다. 물론 낯선 곤충이 아이를 물거나 쏘지 않을까 걱정되어서이겠지요.

　이런 걱정 탓에 직접 곤충을 관찰하는 것이 아무래도 망설여진다면, 보았던 곤충을 떠올리며 곤충 만들기를 해 보면 어떨까요? 도란도란 둘러 앉아 나뭇잎으로 날개를 만들고, 나뭇가지로는 다리를, 작은 돌로는 몸을 만드는 겁니다. 친근함도 느끼고 곤충의 구조도 자연스레 알 수 있는 좋은 방법입니다. 이왕이면 이런 설명도 들려주면 좋겠지요.

　　"곤충도 우리처럼 숨을 쉬니 식물과 함께 '생물'이라 부르고, 스스로 움직이니 '동물'이라고 불러. 그런 동물 중에 몸이 머리, 가슴, 배 3부분으로 이루어지고, 날개가 4장, 다리가 6개 있는 것을 '곤충'이라고 해."

가나다 순서로 찾아보기